Eric Depagne

Abondances chimiques dans les premières étoiles galactiques

Éric Depagne

Abondances chimiques dans les premières étoiles galactiques

Études des éléments plus légers que le zinc et implications sur la nature des premières supernovæ

Presses Académiques Francophones

Mentions légales / Imprint (applicable pour l'Allemagne seulement / only for Germany)
Information bibliographique publiée par la Deutsche Nationalbibliothek: La Deutsche Nationalbibliothek inscrit cette publication à la Deutsche Nationalbibliografie; des données bibliographiques détaillées sont disponibles sur internet à l'adresse http://dnb.d-nb.de.
Toutes marques et noms de produits mentionnés dans ce livre demeurent sous la protection des marques, des marques déposées et des brevets, et sont des marques ou des marques déposées de leurs détenteurs respectifs. L'utilisation des marques, noms de produits, noms communs, noms commerciaux, descriptions de produits, etc, même sans qu'ils soient mentionnés de façon particulière dans ce livre ne signifie en aucune façon que ces noms peuvent être utilisés sans restriction à l'égard de la législation pour la protection des marques et des marques déposées et pourraient donc être utilisés par quiconque.

Photo de la couverture: www.ingimage.com

Editeur: Presses Académiques Francophones est une marque déposée de
Südwestdeutscher Verlag für Hochschulschriften GmbH & Co. KG
Heinrich-Böcking-Str. 6-8, 66121 Sarrebruck, Allemagne
Téléphone +49 681 37 20 271-1, Fax +49 681 37 20 271-0
Email: info@presses-academiques.com

Produit en Allemagne:
Schaltungsdienst Lange o.H.G., Berlin
Books on Demand GmbH, Norderstedt
Reha GmbH, Saarbrücken
Amazon Distribution GmbH, Leipzig
ISBN: 978-3-8381-8957-4

Imprint (only for USA, GB)
Bibliographic information published by the Deutsche Nationalbibliothek: The Deutsche Nationalbibliothek lists this publication in the Deutsche Nationalbibliografie; detailed bibliographic data are available in the Internet at http://dnb.d-nb.de.
Any brand names and product names mentioned in this book are subject to trademark, brand or patent protection and are trademarks or registered trademarks of their respective holders. The use of brand names, product names, common names, trade names, product descriptions etc. even without a particular marking in this works is in no way to be construed to mean that such names may be regarded as unrestricted in respect of trademark and brand protection legislation and could thus be used by anyone.

Cover image: www.ingimage.com

Publisher: Presses Académiques Francophones is an imprint of the publishing house
Südwestdeutscher Verlag für Hochschulschriften GmbH & Co. KG
Heinrich-Böcking-Str. 6-8, 66121 Saarbrücken, Germany
Phone +49 681 37 20 271-1, Fax +49 681 37 20 271-0
Email: info@presses-academiques.com

Printed in the U.S.A.
Printed in the U.K. by (see last page)
ISBN: 978-3-8381-8957-4

Université Pierre et Marie Curie

École doctorale d'Astronomie et d'Astrophysique d'Île de France

Abondance des éléments plus légers que le zinc dans les premières étoiles galactiques

Implications sur la nature des premières supernovæ

THÈSE

présentée et soutenue publiquement le 21 Mars 2003

pour l'obtention du

Doctorat de l'Université Pierre et Marie Curie

(spécialité astrophysique)

par

Éric Depagne

Composition du jury

Président :	Pierre Encrenaz
Rapporteurs :	Georges Meynet
	Renaud Foy
Examinateurs :	Bertrand Plez
	Francesca Primas
	Nicolas Prantzos
Directrice :	Monique Spite

Laboratoire Galaxie, Étoiles, Physique et Instrumentation — UMR 8111

Remerciements

L'écriture de la page de remerciement n'est pas une chose facile : il y a toujours des personnes oubliées. À ces personnes, je présente mes plus plates excuses, et je prendrai des notes la prochaine fois !

Un grand merci tout d'abord à Monique qui a accepté de diriger ce travail. Merci à Vanessa, à François et à Patrick. J'ai toujours pu trouver auprès de vous une oreille attentive à toutes mes questions.

Merci aux membres de mon jury : Pierre Encrenaz, Georges Meynet, Renaud Foy, Bertrand Plez, Francesca Primas et Nicolas Prantzos d'avoir accepté de juger mon travail.

Merci à toutes les personnes du batiment 11 : David, Noël, Catherine, Jacqueline, Annick, Danielle, Yves, Frédéric, Shan, Françoise, Misha, Anita et ceux qui n'y sont plus : Ernest, Laurent. La joyeuse ambiance qui règne ici va me manquer ! Ainsi qu'aux «parisiens» : Danielle, Roger et Gaël.

Il n'y a pas que la science pendant une thèse, il y a aussi, les formalités administratives... Sans Jacqueline, Annick et Olga, cela aurait sans aucun doute été bien plus compliqué pour moi de m'y retrouver dans ces dédales !

Heureusement, il y a aussi les copains, pendant la thèse ! (La, je sais que je vais oublier des noms...) Merci Laurent C., Yael, Philippe, François, Pascal, Aurélie, Elisabeth, Florence, Sébastien P., Nicolas.

Je voudrais aussi dire un grand merci aux gens suivants.
Tout d'abord, merci à la tribune. Merci Nico<, Aurélien<, Mike<, Pierre-Olivier<, Adam<, Laurent<, Nicolas<, Arnaud<, et à tous les autres que je sais que j'oublie.

Merci à «ma» joyeuse bande de copains, même si on se voit moins qu'on aimerait ! Paulo, Solenn, Pierre, Vincent, Stéphane, Joelle, Lionel, Sébastien, Cyril, Florence. J'ai fini dernier de nous tous !

Merci enfin à ma famille. Merci Christophe, pour le voyage à Munich. Merci Corinne de m'avoir «montré la voie». Merci Papa, merci Maman, de m'avoir laissé le temps de trouver. Enfin, merci Véronique. Pour plein de choses. Et pour tout le reste.

Table des matières

Annexe A
Acronymes usuels

Annexe B
Programmes

Annexe C
Modèles retenus pour nos étoiles

Annexe D
Photométrie

Annexe E
CS 31082–001 : un chronomètre de l'histoire de l'Univers.

Annexe F
Largeurs équivalentes

Résumé

Au cours de cette thèse, j'ai étudié 33 étoiles extrêmement déficientes du halo galactique (ayant moins de 500 fois moins de métaux que le Soleil) observées au VLT avec le spectrographe à haute résolution UVES. Ces étoiles sont les témoins des tous premiers âges de notre Galaxie. La connaissance détaillée de leur composition chimique permet de contraindre les modèles de formation et d'évolution de notre galaxie.

J'ai pu déterminer dans ces étoiles les abondances de 17 éléments avec une précision inégalée, allant du carbone au zinc, et en particulier, celles d'éléments «clés» comme l'oxygène et le zinc, pour comprendre quel type de supernova a enrichi la matière au début de la vie de la Galaxie.

J'ai montré en particulier que l'on peut expliquer les rapports d'abondance observés sans faire intervenir de supernova supermassive (dont la masse dépasse $100 M_\odot$).

Par ailleurs, l'évolution des abondances en fonction de la métallicité moyenne est comparée aux modèles d'évolution chimique de la Galaxie. Notre étude portant sur des étoiles réputées être nées au tout début de la vie de notre Galaxie, nous apportons des contraintes observationnelles fortes à ces modèles.

Abstract

During my Ph. D. I have analyzed 33 extremely metal-deficient galactic halo stars (stars having less than 500 times less metals than the Sun) observed at the VLT, using the high resolution spectrograph UVES. These stars are relics from the very first ages of our Galaxy, and thus provide useful constraints on both the formation and on the evolution models of our Galaxy.

I determined the abundances for 17 elements from carbon to zinc with an unprecedented accuracy, including the key elements oxygen and zinc, to understand which kind of supernova had enriched the interstellar medium during the early times of the Galaxy.

I have shown in this work that we could explain the observed abundance ratio witout including very massive supernova (stars whose mass is greater then $100 M_\odot$).

In addition, the abundance trends are compared with Galactic chemical evolution models. As the study is based on very metal poor stars that are supposed to be born during the first ages of our Galaxy, my work brings strong new observational constraints to these models.

Introduction - Origine des éléments

Le spectaculaire enrichissement en métaux des étoiles, au cours de l'évolution chimique de la Galaxie, a posé aux astrophysiciens un problème considérable. Il est maintenant bien admis que les éléments plus lourds que l'hélium se sont formés peu à peu dans la Galaxie essentiellement au coeur des étoiles et ont été éjectés dans le milieu environnant soit sous forme de vents stellaires soit pendant l'explosion de supernovæ. En moyenne, plus une étoile est vieille, plus la matière dont elle s'est formée fut pauvre en métaux.

Les étoiles de faible masse (M< $0.8M_\odot$) ont une durée de vie supérieure au temps de Hubble, on peut donc encore trouver dans la Galaxie des étoiles qui se sont formées très peu de temps après la formation de la Galaxie. Ces étoiles sont reconnaissables à ce que leur atmosphère est extrêmement pauvre en métaux (mais on n'a pas trouvé d'étoile sans métaux). Elles se sont formées à partir de nuages dont la composition chimique reflétait les ejectas des toutes premières supernovae qui ont explosé dans la Galaxie.

Les progéniteurs de ces toutes premières supernovae devaient être des étoiles massives dont la durée de vie est très courte (de 10 à 100 millions d'années). Seules ces supernovae avaient alors eu le temps d'enrichir la matière en éléments lourds.

L'étoile la plus pauvre en métaux connue à ce jour est HEO107-5240 (Christlieb et al., 2002) avec environ 100000 fois moins de métaux que le soleil. On connaît environ 4 étoiles avec une métallicité inférieure ou égale au 1/10000 de la métallicité solaire et une centaine avec une métallicité inférieure à 1/1000 de la métallicité solaire.

L'étude de la composition chimique précise des étoiles très déficientes apporte des informations précieuses sur les débuts de l'histoire Galactique.

Des arguments en faveur d'une formation précoce et massive de métaux à partir d'étoiles sans métaux (Population III) de très grande masse : cette très grande masse serait justement due à l'absence de métaux, conduisant à l'absence de perte de masse. Ces objets très massifs produisent des éjectas un peu différents de ceux des supernovæ classiques, et on peut chercher leur signature dans les étoiles très déficientes : une information précieuse alors qu'on a aussi proposé que ces objets pourraient être la cause de la réionisation précoce trouvée par le satellite WMAP. Ces objets fourniraient une des explications possible à l'absence (jusqu'à présent) d'étoiles sans métaux dans les relevés systématiques.

- La répartition des abondances des différents éléments contraint les prédictions des ejectas des supernovae. Ces ejectas sont fonction de la masse de la supernova mais aussi de quantités mal connues comme la quantité relative de masse éjectée (coupure de masse) et l'énergie de l'explosion. Or, les prédictions des modèles de supernovæ montrent des désaccords avec les observations, et il est urgent de préciser et délimiter les points de désaccord, afin de trouver des pistes de recherche pour trouver les causes de ces désaccords et modifier les modèles.

- La dispersion des abondances relatives pour une métallicité donnée donne aussi des informations sur le degré d'homogénéisation de la matière galactique aux premières époques.

- La variation des abondances relatives avec la métallicité peut être confrontée aux prédictions des modèles d'évolution chimique de la Galaxie. Les confrontations avec les données de la littérature montrent des divergences notables, et il faut définir précisément ces désaccords, pour pouvoir diagnostiquer leurs causes profondes. Des mesures précises sur des spectres de qualité devraient par exemple clore la controverse sur le renforcement relatif de l'oxygène dans les étoiles très déficientes.

Une étude systématique très précise d'un échantillon représentatif d'étoiles dont la métallicité est comprise entre [Fe/H]$= -4, 0$ et $-2, 8$, basée sur des observations à haut rapport signal sur bruit, analysées de manière uniforme et cohérente est la seule façon d'identifier avec certitude les mécanismes principaux à l'œuvre.

Pour étudier ce problème un groupe international (France - Italie - Danemark - États-Unis - Brésil) s'est formé, et des demandes de temps sur les plus grands télescopes ont été faites. L'Observatoire Européen Austral (ESO) a accordé au projet appelé :" Galaxy Formation, Early Nucleosynthesis, and First Stars" un « Large Programme » bénéficiant de 38 nuits au VLT (télescope Kueyen (UT2) avec le spectrographe UVES). Ce « Large Programme » avait pour but de répondre aux questions posées plus haut. C'est dans ce cadre que j'ai préparé ce travail de thèse.

Au Chapitre 1 je rappellerai rapidement les principales données concernant l'origine et la formation des éléments dans les étoiles.

Au Chapitre 2 je décrirai les observations et leur réduction

Au Chapitre 3 je parlerai du calcul des spectres synthétiques qui sont comparés aux observations.

Au Chapitre 4 je décrirai les résultats : abondances et dispersion de ces abondances en fonction de la métallicité.

Au Chapitre 5 enfin je comparerai la variation des abondances en fonction de la métallicité aux prédictions de modèles d'évolution de la Galaxie.

Chapitre 1

Nucléosynthèse et Supernovae

1.1 Origine des éléments : un peu d'histoire.

L'origine des éléments a posé un problème difficile aux astronomes pendant longtemps. Il a fallu attendre le début du XX^{e}siècle, l'avènement de la mécanique quantique et de la physique nucléaire pour qu'une explication satisfaisante soit apportée.

Les premières mesures d'abondances dans l'atmosphère solaire et dans les météorites montraient que globalement, plus un atome est lourd et plus il est rare. A cette règle générale s'ajoute l'exception des éléments compris entre le lithium et le bore (Z= 3 à 5) qui, bien que légers, sont extrêmement rares dans la nature. Gamow en 1942 a d'abord pensé que tous les éléments se formaient après le «Big-Bang», par additions successives de neutrons, suivies de désintégrations β, mais il est vite apparu que le refroidissement de la matière était alors trop rapide pour que l'on puisse former des éléments plus lourds que ^{7}Li(pour lequel Z= 3).

Hoyle en 1946 a suggéré que les étoiles pouvaient être le lieu de formation des éléments. La découverte en 1952 d'un élément, le technétium, dont tous les isotopes sont radioactifs et dont le plus long a une demi-vie de 10^6 ans, a confirmé que les étoiles devaient être considérées comme des lieux probables de nucléosynthèse.

En 1957, deux articles «fondateurs» de la nucléosynthèse stellaire, ont été publiés, celui de Burbidge et al. (1957) et celui de Cameron (1957). Dans ces articles, les auteurs analysent les conditions qui permettent de synthétiser les éléments et montrent que ces conditions sont réunies au cœur des étoiles. Pour Burbidge et al. (1957) des éléments de plus en plus lourds sont formés au cœur des étoiles selon huit processus différents (fusion de l'hydrogène, fusion de l'hélium, processus α, etc.). Ensuite ces éléments sont expulsés dans la matière environnante lors de l'explosion de l'étoile sous forme de supernova, et peu à peu la matière galactique s'enrichit en éléments lourds. Burbidge et al. (1957) ont exposé un premier panorama complet et cohérent de l'origine des éléments et de l'enrichissement en métaux de la Galaxie. Certes il y a dans cet article beaucoup d'inexactitudes mais le schéma de la formation des éléments dans l'Univers était alors tracé. Il a été depuis beaucoup perfectionné. Pour le quarantième anniversaire de cet article, Wallerstein et al. (1997) ont fait le point des principaux changements advenus depuis, et des principales interrogations qui demeurent.

Si la nucléosynthèse lors de la vie «calme» des étoiles est assez bien connue, ce qui se passe au moment de l'explosion des supernovæ est beaucoup plus incertain. À ce moment les taux des réactions deviennent très sensibles aux conditions instables dans lesquelles elles se produisent (essentiellement la température). Ces conditions elles-mêmes sont mal déterminées : les enchaînements des phases successives sont complexes. Ce qui fait que selon les modèles utilisés, on peut voir des différences entre les prédictions des éjectas des supernovæ par les différents modèles. Ces éjectas dépendent à la fois de la masse et de la métallicité de l'étoile qui explose, et de l'histoire qui l'a amenée à l'explosion.

On considère généralement deux types de supernovæ :
- les supernovæ thermonucléaires ou de type Ia. Dans ce cas, deux étoiles tournent l'une autour de l'autre. L'une d'entre elles (une naine blanche composée de carbone et d'oxygène) accrète la matière de l'autre, et finit par dépasser la masse de Chandrasekhar ($1, 4$ $M_\odot$), et par conséquent explose. Ces étoiles peu massives (leur masse initiale est inférieure à 8 $M_\odot$), ont une durée de vie longue (> 1 milliard d'années), et n'ont donc normalement pas eu d'influence sur l'enrichissement en métaux au tout début de la vie de la Galaxie.
- les supernovæ dites gravitationnelles ou de type II, dont l'explosion est due à l'effondrement gravitationnel de l'étoile. Les progéniteurs de ces supernovae sont des étoiles massives, leur masse est comprise entre 9 et 40 $M_\odot$. (Des étoiles supermassives $> 100 M_\odot$ pourraient même éventuellement exister et ne pas finir en «trou noir»).
  Les progéniteurs de ces supernovae ont une durée de vie très courte(inférieure à 1 milliard d'années). On pense donc que ces supernovae sont les principales responsables de l'enrichissement de la matière au début de la vie de la Galaxie.

Dans ce qui suit, nous allons faire une rapide description des réactions de nucléosynthèse qui ont lieu dans les étoiles, depuis la fusion de l'hydrogène, jusqu'à l'explosion de l'étoile. Comme seules les étoiles massives ont eu le temps d'enrichir le milieu au début de la vie de la Galaxie nous allons nous concentrer sur ce type d'étoiles. Notons que la description de ces phénomènes est basée sur la théorie de l'évolution stellaire.

On considère qu'une étoile est une sphère gazeuse en équilibre hydrostatique. La physique des intérieurs stellaires fait intervenir les 4 forces fondamentales de la physique, la gravitation, les interactions électromagnétiques, les forces nucléaires fortes, les forces nucléaires faibles. L'évolution de l'étoile est décrite à travers divers processus physiques : équation d'état (gaz parfait, gaz dégénéré), propriétés thermodynamiques, hydrodynamique...

1.2 Évolution des étoiles et nucléosynthèse

Dans cette partie, nous allons rappeler rapidement les principales étapes de la nucléosynthèse dans les étoiles.

Dans les étoiles se succèdent des phases de fusion dans le cœur (ou dans les couches adjacentes) et de contraction. Dans les étoiles massives ces fusions successives vont produire des éléments de plus en plus massifs jusqu'au fer, avec l'augmentation de la température du cœur.

Tout d'abord une étoile naît d'un nuage qui se contracte. Quand la température au coeur de l'étoile est supérieure à 10^7K la fusion de l'hydrogène s'amorce. Un équilibre s'établit, la température et la luminosité de l'étoile sont alors uniquement définies par sa masse et sa composition chimique. L'étoile est alors sur ce que l'on appelle la série principale, elle y reste pendant la majeure partie de sa vie (80%). Pendant ce temps, l'étoile va brûler de l'hydrogène, et le transformer en hélium. Ensuite cet hélium sera à son tour brûlé. Puis ce sera au tour du carbone, du néon, de l'oxygène et du silicium si l'étoile est suffisamment massive pour que la température du coeur soit suffisante pour allumer ces fusions successives.

Fusion de l'hydrogène

L'hydrogène est le carburant majeur de toutes les étoiles. Sa fusion est le premier maillon de la nucléosynthèse. La fusion de l'hydrogène peut se faire soit par le cycle proton-proton, soit par le cycle CNO :
- le cycle proton-proton permet de transformer les atomes d'hydrogène en ^{4}He. La première réaction de fusion qui a lieu est la transformation d'un proton et d'un neutron en deutérium (^{2}H) suivant la réaction p (n, γ) D, ou la réaction symétrique n (p, γ) D. Ensuite, soit par l'intermédiaire du tritium (^{3}H), soit de l'hélium 3 (^{3}He), les étoiles produisent de l'hélium 4 (^{4}He) ;
- le cycle CNO a lieu quand la température du coeur de l'étoile augmente (et que du C, N, O est disponible !). Comme on peut le voir sur la figure 1.1 page suivante, ce cycle fait intervenir beaucoup d'éléments. La réaction ^{14}N (p, γ) ^{15}O étant la plus lente, il y a accumulation de ^{14}N par ce cycle.

La réaction de fusion globale de l'hydrogène peut s'écrire 4p$\rightarrow$ ^{4}He + $2e^+$ +2v. Cette réaction est la plus exothermique de toutes les réactions qui vont se produire au cours de la vie de l'étoile. C'est pourquoi une étoile passe la plus grande partie de sa vie (80%) dans cette phase de fusion de l'hydrogène.

Quand l'hydrogène s'épuise au centre, le coeur de l'étoile se contracte mais la combustion de l'hydrogène se poursuit dans la couche qui entoure le coeur. L'étoile quitte alors la séquence principale et décrit la branche des géantes rouges. Lors de cette phase s'il y a un mélange entre la couche qui fusionne l'hydrogène et l'atmosphère de l'étoile, la composition chimique de l'atmosphère peut être altérée et se trouver enrichie en éléments produits par le cycle CNO (essentiellement ^{14}N et ^{13}C).

Lorsque le coeur de l'étoile s'effondre, sa densité augmente ainsi que sa température. Lorsque celles-ci deviennent suffisantes, la fusion de l'hélium démarre.

Fusion de l'hélium

La fusion de l'hélium a lieu quand la température atteint 2×10^8K suivant les deux réactions :
^{4}He+^{4}He $\rightarrow$ ^{8}Be +γ
^{8}Be+^{4}He $\rightarrow$ ^{12}C +γ

Les théoricien de la nucléosynthèse se sont heurtés ici à un problème apparemment insoluble : il existe beaucoup de ^{12}C dans l'Univers, mais le ^{8}Be a une demi-vie de 10^{-16} secondes. Il est donc extrêmement improbable que du ^{12}C puisse se former en quantités importantes à partir du ^{8}Be. Hoyle en 1953 suggéra que la réaction entre le ^{4}He et le ^{8}Be, devait être en résonance avec un niveau d'énergie inconnu du ^{12}C. Cette résonance, si elle existait, en augmenterait considérablement la section efficace. Hoyle calcula les énergies des niveaux mis en jeu dans cette réaction. Trois ans plus tard, des mesures faites sur ce ^{12}C montrèrent effectivement l'existence de ce niveau résonnant, à l'énergie prédite. Cette réaction, dite triple-α, permet donc aux étoiles de produire une quantité importante de ^{12}C. Ce carbone va ensuite pouvoir former de l'oxygène suivant la réaction ^{12}C (α, γ) ^{16}O. On notera que le taux de cette réaction n'est connu

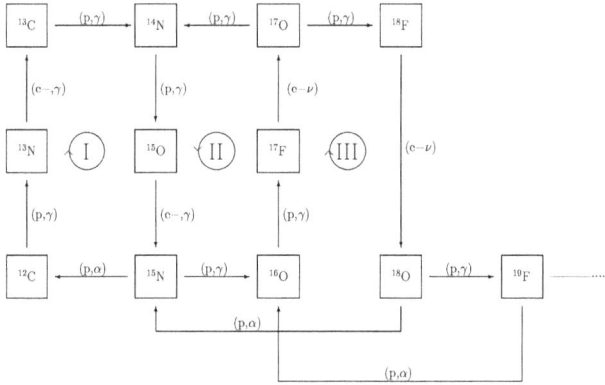

FIG. 1.1 – Détail du cycle CNO tel qu'il se produit dans les étoiles.

qu'à un facteur 3 près. Une augmentation de ce taux induit une diminution importante du rapport C/O à la fin de la fusion de l'hélium, et rendrait la phase de fusion du carbone très courte ce qui pourrait avoir des conséquences importantes sur l'évolution ultérieure de l'étoile.

A la fin de la fusion de l'hélium, le cœur de l'étoile est donc composé majoritairement de carbone et d'oxygène. Si la masse de l'étoile est suffisante, ce cœur n'est pas dégénéré, il peut se contracter à nouveau et amorcer la fusion du carbone. Si la masse n'est pas suffisante, une naine blanche (composée de C et d'O) est formée.

Fusion du carbone et du néon

La fusion du carbone s'allume lorsque la température atteint 10^9K et elle conduit à trois produits possibles :

1. $^{12}C\ (^{12}C, p)\ ^{23}Na$;
2. $^{12}C\ (^{12}C, \alpha)\ ^{20}Ne$.
3. $^{12}C\ (^{12}C, n)\ ^{23}Mg$;

Pour une température pas trop élevée, les deux premières réactions sont favorisées, alors que la 3e ne devient importante que pour des températures plus élevées (de l'ordre de T$\approx$ $1,1 \times 10^9$K).

À la fin de la fusion du carbone, le cœur est formé principalement de ^{16}O, ^{20}Ne et ^{24}Mg. Quand la température atteint $1,2 \times 10^9$K, le néon se désintègre à son tour selon :

1. $^{20}Ne\ (\gamma, \alpha)\ ^{16}O$;
2. $^{20}Ne\ (\alpha, \gamma)\ ^{24}Mg$.

Fusion de l'oxygène

La fusion de l'oxygène a lieu quand la température atteint environ 2×10^9K. les principaux produits sont :

$$^{16}O + {}^{16}O \rightarrow {}^{31}P + p$$
$$^{16}O + {}^{16}O \rightarrow {}^{28}Si + \alpha$$
$$^{16}O + {}^{16}O \rightarrow {}^{31}S + n$$

Les particules α, les neutrons et les protons ainsi fabriqués vont s'associer aux noyaux existants pour produire un large éventail d'éléments tels que Si, Cl, Ar, K, Ca, Ti, etc.

On arrive ensuite à la dernière phase de fusion d'un cœur d'étoile ; la fusion du silicium.

Fusion du silicium et explosion

La fusion du silicium a lieu d'abord en équilibre hydrostatique puis pendant l'explosion de la supernova. Les produits de cette fusion sont différents selon les conditions dans lesquelles elle a lieu (Wallerstein et al., 1997), ils dépendent en effet de la valeur de l'excès neutronique (défini par :$\eta = \frac{\sum_i (N_i - Z_i)}{\sum_i (N_i + Z_i)}$, avec N_i le nombre total de neutrons et Z_i celui de protons de l'élément i), au cours du processus.

fusion hydrostatique Quand la température du cœur de l'étoile atteint 3×10^9 K les réactions de photodésintégration du silicium commencent. Le noyau de Si se casse en libérant des particules α des protons et des neutrons. Ces particules se recombinent au ^{28}Si pour former tous les éléments du pic du fer. Lors de ce processus, l'excès neutronique η augmente fortement et on favorise alors la formation d'éléments riches en neutrons tels en particulier le ^{54}Fe. À la fin de ce processus le noyau stellaire est formé essentiellement de fer mais ces éléments qui composent le noyau resteront, dans la majorité des cas, piégés dans l'étoile à neutrons (ou dans le trou noir) qui se formera, sans fournir d'ejecta.

fusion explosive Lors de l'explosion, l'onde de choc atteint des températures élevées, la fusion du silicium a lieu très rapidement et η reste faible. On favorise alors la fabrication d'éléments ayant un nombre égal de neutrons et de protons. Le produit le plus abondant sera le ^{56}Ni qui se désintégrera en ^{56}Fe pendant l'explosion.

1.3 Prédictions des ejectas de supernovæ et modèles d'évolution galactique

En se basant sur les équations générales de la nucléosynthèse et la théorie de l'évolution stellaire, plusieurs groupes d'astronomes dans le monde ont récemment prédit la composition des éjecta des supernovæ en fonction de leur masse et de leur métallicité originale. Je citerai ici les travaux de Woosley et Weaver (1995), qui ont étudié l'évolution de supernovæ dont les masses varient de 12 à 40 $M_\odot$ avec une métallicité allant de z= 0 à z=z$_\odot$, le travail de Limongi et al. (2000) qui ont modélisé des supernovae de 13 à 25 $M_\odot$ avec des métallicités allant aussi de z= 0 à z=z$_\odot$, et également les travaux de Nakamura et al. (1999, 2001) et Umeda et Nomoto (2002) qui ont cherché à comprendre comment les différents paramètres des modèles de supernovae (tels la masse, la coupure de masse, l'excès neutronique, et l'énergie d'explosion) influencent les abondances relatives des éléments éjectés lors de l'explosion des supernovae.

Il y a de notables différences d'un modèle de supernova à l'autre. Ainsi l'effet pair-impair dans les supernovae pauvres en métaux est beaucoup plus marqué chez Limongi et al. (2000) que chez Woosley et Weaver (1995) comme l'ont noté Goswami et Prantzos (2000). Umeda et Nomoto (2002) et Shirouzu et al. (2003) ont montré que la composition des ejecta était très sensible à l'énergie de l'explosion.

Chapitre 2

Observation, réduction et traitement des données.

2.1 Observations

2.1.1 Sélection des étoiles

Nous avons choisi dans le relevé de Beers et al. (1985, 1992) les étoiles dont la métallicité [Fe/H] est inférieure à $-2,7$.

Ce relevé a débuté à la fin des années 1980. A cette époque, Beers et al. cherchaient notamment des étoiles «sans métaux» dont la composition chimique reflèterait les seuls produits du Big-Bang (H , D, He et ^{7}Li). En effet, si la fonction de masse initiale a peu varié au cours de la vie de la Galaxie, des étoiles de masse inférieure à $0,8$ $M_\odot$ se sont formées au tout début de la vie de la Galaxie. Comme ces étoiles ont une durée de vie supérieure au temps de Hubble elles doivent toujours être observables. Ce sont maintenant des naines ou des géantes froides de type G, K ou M. Dans les étoiles de ce type (et contenant des métaux), les raies H et K du calcium ionisé sont normalement très intenses. Beers et al. ont donc cherché des étoiles froides où ces raies seraient absentes ou au moins très faibles. Sur des plaques de Schmidt, ils ont pris des spectres à très faible résolution (180Å/mm) de champs d'étoiles (prisme objectif) jusqu'à la magnitude $m_V = 16$. Les poses ont été prises à travers un filtre interférentiel étroit de 150Å de large, centré sur les raies H et K du calcium, à 395 nm.

Toutes les étoiles «à faibles raies de Ca II» ont ainsi été sélectionnées. Mais ce ne sont pas obligatoirement des étoiles pauvres en métaux : certaines sont par exemple des étoiles chaudes.

Pour affiner les critères de sélection, des spectres à moyenne résolution de tous les «candidats» ont été obtenus à l'ESO, à Kitt Peak et en Australie, ce qui a permis finalement de détecter environ 5000 étoiles pauvres en métaux et de faire une première estimation de leur métallicité en comparant les raies de Ca II et les raies de l'hydrogène.

La figure 2.1 page suivante nous montre la répartition des étoiles en fonction de leur métallicité, telle qu'elle a été estimée par Beers. On y voit deux pics : un premier pic (centré à environ [Fe/H]=-0, 8) correspond au vieux disque de la Galaxie, un second à $-2, 2$ correspond au halo.

Aucune étoile «sans métaux» n'a été trouvée, mais environ 150 étoiles ont une métallicité inférieure à -2.7 (500 fois moins de métaux que le soleil). C'est à cette queue de distribution que nous nous sommes intéressés.

2.1.2 Observations au VLT

Le programme «First Stars» a bénéficié de 38 nuits d'observations au VLT avec le spectrographe UVES pour l'observation de ces étoiles extrêmement déficientes de la Galaxie (souvent appelées XMP stars pour «eXtremely Metal Poor»). Ces nuits ont été réparties sur deux ans, et nous ont permis d'observer une soixantaine d'étoiles, des géantes et des naines. Ce «Large Programme» est une collaboration internationale, (France, Danemark, Italie, Brésil, États Unis). Je me suis intéressé seulement aux étoiles géantes de notre échantillon : ces étoiles sont intrinsèquement plus brillantes et, à métallicité égale, les raies (notamment ionisées) sont plus fortes (l'absorption continue est plus faible) et il est donc possible d'étudier un plus grand nombre d'éléments.

L'atmosphère de ces étoiles de petite masse, n'est pas sensiblement modifiée au cours de leur vie (sauf éventuellement pour des éléments tels C et N comme nous le verrons plus tard). Sa composition chimique reflète donc la composition de la matière à partir de laquelle s'est formée l'étoile. Ces étoiles XMP sont donc les témoins de la composition chimique de la Voie Lactée au tout début de sa vie. Jusqu'à présent, très peu d'étoiles de ce type ont pu être observées à grande résolution avec un rapport signal sur bruit satisfaisant car elles sont en moyenne assez faible (V>12 pour la plupart de nos étoiles). Cependant, grâce au VLT, il est désormais possible d'observer des étoiles très peu brillantes, et ainsi avoir un échantillon important d'étoiles très primitives.

2.1.3 Le spectrographe UVES

UVES est l'acronyme de «UV-Visible Échelle Spectrograph». Il est très difficile de faire un spectrographe qui soit efficace aussi bien dans la partie bleue que dans la partie rouge du spectre. Pour pallier ce problème, UVES a été divisé en deux spectrographes indépendants, l'un travaillant dans le bleu, et l'autre dans le rouge, optimisés chacun pour leur domaine de longueur d'onde. Le faisceau lumineux arrive sur la fente d'entrée du spectroscope puis est séparé en deux parties par une lame dichroïque et chaque «sous-faisceau» est dirigé dans un «bras» d'UVES.

Il y a donc un bras dit bleu et un dit rouge. Dans chaque bras, les parties optiques ont été optimisées, et les CCD ont été choisis pour être les plus efficaces.

Dans le bras, bleu, un CCD de 3000×4096 est utilisé. Dans le bras rouge,l'image est couverte par 2 CCD de 2048×4096 pixels.

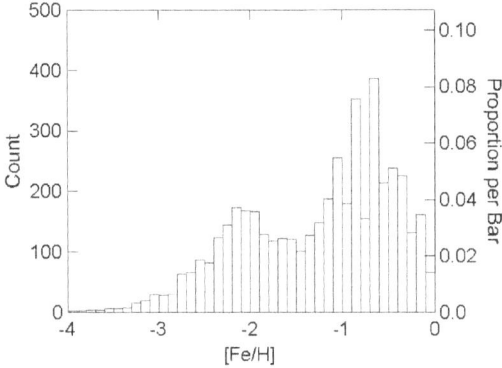

FIG. 2.1 – Histogramme des métallicités des étoiles observées dans le relevé de Beers, Preston et Shectman.

2.1.4   Détails des observations

Sauf cas très particulier, nous avons choisi de centrer nos observations à 396 , 573, et à 850 nm. Cela nous permet d'avoir une couverture quasi-continue de 330 nm à 1μm. Le bras bleu couvre un domaine compris entre 334 et 458 nm, le domaine jaune est couvert de 471 à 674 nm, (avec un manque dû à l'intervalle entre les deux CCD allant de 570 à 578 nm), et le domaine rouge est couvert de 659 à 1040 nm, (avec un manque entre 849 et 853 nm).

La résolution des spectres dépend de la largeur de la fente d'entrée du spectrographe. Nous avons choisi en général 1 seconde d'arc, ce qui nous donne un pouvoir de résolution R $= \frac{\lambda}{\Delta\lambda} \approx$ 45000. Pour l'étoile CS 31082–001, étoile particulièrement riche en uranium (Hill et al., 2002), des spectres à plus haute résolution (R= 75000) ont été obtenus.

Le tableau 2.1.4 page 19 présente un bilan des observations par étoile. Le rapport signal sur bruit est donné pour chaque étoile à quelques longueurs d'onde caractéristiques.

Le rapport S/B est donné par pixel. Mais les spectres sont fortement suréchantillonnés : on compte 7 pixels par élément de résolution au lieu de 2, 5 habituellement. Si l'on veut connaître le rapport S/B par élément de résolution, les valeurs de la table 2.1.4 page 19 doivent être multipliées par $\sqrt{7}$; si l'on veut se ramener à l'échelle standard «S/B par pixel avec 2, 5 pixels par élément de résolution», les valeurs doivent être multipliées par 1, 7.

2.2   Réduction

Lors des observations au télescope les spectres sont pré-réduits par un logiciel («pipeline») de réduction automatique qui utilise des calibrations «standards». Comme nous avions besoin d'une très grande précision sur la mesure des raies, j'ai décidé de refaire cette réduction en utilisant les calibrations obtenues pendant les missions elles mêmes. Pour ce faire nous avons utilisé le contexte UVES du logiciel MIDAS. Plusieurs étapes sont nécessaires pour passer du fichier brut au fichier qui, à chaque longueur d'onde, associe un flux lumineux.

Les spectres de calibration   Les spectres de calibration obtenus pendant les observations sont les biais, les spectres de lumière uniforme (lampe à incandescence), les spectres de calibration en longueur d'onde (spectres d'une lampe au thorium-argon).
- Les biais sont des spectres obtenus en fermant l'obturateur du spectrographe et en enregistrant le signal obtenu sur le CCD. Cela permet de connaître le niveau de réglage électronique de la lecture pour l'obscurité (point zéro).
- les spectres de lumière uniforme («champ plat» ou «flat-fields») sont des poses effectuées avec une source continue qui éclaire uniformément le détecteur. Cela permet de corriger deux effets :
  1. les variations d'efficacité quantique de chaque pixel ;
  2. la fonction de blaze de l'instrument : en raison de la conception des spectrographes échelle, l'intensité n'est pas constante le long d'un ordre. Sa variation est décrite par la diffraction du réseau (fonction de blaze).

Au télescope, de nombreuses poses de lumière uniforme sont prises chaque jour. J'ai fait la moyenne de ces poses pour chaque nuit, et une moyenne de toutes ces poses. UVES étant un instrument particulièrement stable, les variations sont très faibles. J'ai donc choisi de prendre comme «lumière uniforme moyenne» la moyenne de toutes les poses prises pendant la mission. Cela permet d'avoir pour ce champ plat moyen un rapport signal sur bruit élevé.

Calcul d'un modèle du spectre   Dans un premier temps le programme de réduction calcule à partir des caractéristiques principales de l'observation (longueur d'onde centrale, hauteur et largeur de la fente d'entrée...) un premier «modèle de spectre» qui définit la position et l'extension des différents ordres sur l'image du CCD. Mais au cours du temps, de légères modifications de réglage, des changements de température, etc., peuvent faire varier le chemin de la lumière par rapport à ce modèle théorique. Le léger décalage entre le spectre «vrai» et le modèle «théorique» est calculé à partir de calibrations «techniques» effectuées en général en début de période d'observation : spectre très étroit d'une lumière uniforme (champ plat étroit) qui va contraindre la position des ordres à mieux que le dixième de pixel et permettra un calcul précis de la correction de blaze et spectre étroit d'une lampe au thorium qui contraint la position des raies (calcul du décalage en X et en Y par rapport au modèle théorique).

La position des raies sur le spectre dépend aussi de la température du spectrographe, une calibration en longueur d'onde est donc faite chaque nuit. On peut donc corriger la position des raies d'un petit décalage fonction de la température de l'instrument au moment de l'exposition. Le spectre stellaire peut être légèrement décalé par rapport au spectre de la lampe au thorium-argon (réfraction, écarts de collimation, etc.), de sorte que pour mesurer avec précision les vitesses radiales, nous avons mesuré différentiellement la position des raies d'absorption stellaires par rapport aux raies d'absorption telluriques. La précision à laquelle on connaît la longueur d'onde de ces raies n'est limitée que par les mouvements de l'atmosphère terrestre (voir Depagne et al. (2002)).

Traitement des spectres scientifiques   Pour chaque pose, j'ai effectué avec le contexte UVES les traitements suivants :

- soustraction du biais ;
- soustraction du fond du ciel dans l'inter-ordre (dans les spectres d'objets et dans le champ plat) ;
- extraction du spectre de l'objet, en retirant les cosmiques (extraction optimum) ;
- division de ce spectre par le champ plat. Ce champ plat a été extrait de la même manière que les spectres scientifiques ;
- correction du blaze ;
- calibration en longueur d'onde ;
- ré-échantillonnage à pas de longueur d'onde constant ;
- fusion des ordres.

2.2.1 Normalisation du spectre

Une fois que le spectre est extrait, on peut le "normaliser", c'est à dire diviser le spectre par l'intensité du spectre entre les raies. Pour cela, on utilise des routines MIDAS. Ces routines font une détection automatique du continu (pics d'intensité). Il faut vérifier que cette sélection s'est bien faite. En effet, si dans le spectre se trouve par exemple une forte bande moléculaire, la détection automatique ne pouvant savoir qu'il s'agit d'une dépression due à une absorption spécifique, va sous-estimer le continu. On va donc forcer les routines à éviter certaines zones ou à passer à certains endroits que l'on a de bonnes raison pour estimer être des points de pur continu. On divise le spectre par ce continu. Cela permet d'avoir une intensité entre les raies fixée arbitrairement à 1.

2.2.2 Mesure les largeurs équivalentes

La largeur équivalente d'une raie représente l'absorption totale équivalente dans cette raie. On définit la largeur équivalente (par exemple en Å) d'une raie comme étant la largeur qu'aurait une raie de profondeur 100% qui produirait la même absorption et aurait donc la même surface.

La mesure de la largeur équivalente de toutes les raies du spectre va permettre de déterminer la composition chimique de notre étoile. Pour cette mesure, j'ai utilisé un logiciel automatique. À partir du spectre réduit et normalisé, tel que nous l'avons décrit plus haut, le programme vérifie la position du continu puis, il parcourt tout le spectre en partant de la partie bleue. Chaque fois que l'intensité du spectre s'écarte du continu d'une valeur donnée, le programme considère que l'on est dans la partie bleue d'une raie. Quand le spectre atteint à nouveau le continu, le programme considère qu'il a atteint la partie rouge de la même raie. Et ainsi de suite jusqu'à la fin du spectre. Ensuite pour mesurer la largeur équivalente de chaque raie, une suite d'ajustements gaussiens est faite, jusqu'à ce que la raie soit correctement représentée. La liste des raies détectées par le programme est alors comparée à une liste des raies existant dans les étoiles étudiées. Sont retenues pour l'analyse les raies bien «isolées» dont la mesure est assez sûre. Ce programme a été développé par P. François, l'algorithme sur lequel il se base a été décrit par Charbonneau (1995). J'ai participé à la mise au point de ce programme. Notons que ce programme automatique n'est pas capable pour l'instant de démêler les mélanges de raies (blends). Dans le cas de mélanges de raies peu serrées un programme standard de calcul de largeurs équivalentes par décomposition en plusieurs gaussiennes a été utilisé. Dans le cas où l'on voulait extraire de l'information d'une raie sérieusement contaminée par une autre raie métallique on a utilisé la comparaison du spectre observé à un spectre synthétique.

2.2.3 Comparaison des mesures avec des études précédentes

La largeur équivalente étant un invariant vis à vis de la résolution spectrale, on peut comparer directement les mesures des largeurs équivalentes avec celles d'autres auteurs. J'ai comparé les largeurs équivalentes ainsi obtenues avec celles mesurées par Johnson (2002) et McWilliam et al. (1995a) pour deux étoiles : HD 122563 et CS 22892–052.

Les mesures effectuées par Johnson ont été faites au télescope Keck avec le spectrographe HIRES ou au télescope Shane de 3m à l'observatoire Lick avec le spectrographe Hamilton. Le rapport signal sur bruit qu'elle obtient pour ses spectres pris au Keck est comparable à celui que nous avons pour nos spectres, puisqu'elle atteint environ 500 et une résolution de 45000 pour les spectres HIRES. La figure 2.2 page ci-contre montre la comparaison des largeurs équivalentes mesurées sur HD 122563. On constate que les largeurs sont tout à fait compatibles. La pente de la droite de régression, calculée par la méthode des moindres carrés est $1,01 \pm 0,01$. L'écart type calculé entre les mesures des largeurs équivalentes de Johnson et les nôtres est $3,74$ mÅ .

McWilliam a fait ses mesures sur le télescope de $2,5$m de Las Campanas au Chili. Le détecteur, contrairement à celui utilisé au VLT et par Johnson, est une caméra à comptage de photons. Le rapport signal sur bruit atteint par McWilliam pour cette étoile est seulement d'environ 40. La figure 2.3 page suivante montre les différences entre nos mesures et celles de McWilliam. La pente de la droite de régression, calculée dans les mêmes conditions que pour la figure 2.2 page ci-contre, vaut $0,97$. L'écart type calculé est cette fois-ci de $11,99$ mÅ .

Estimation des erreurs de mesure   L'incertitude sur les largeurs équivalentes mesurée peut être estimée en utilisant la formule de Cayrel (Cayrel, 1988) :

$$\sigma_w = \frac{1,5}{S/N} \sqrt{\text{FWHM} \times \delta_x} \qquad (2.1)$$

où
- S/N est le rapport signal sur bruit par pixel ;
- FWHM est la largeur à mi-hauteur des raies mesurées ;
- δ_x la largeur du pixel.

Cette formule (2.1) nous permet d'estimer l'erreur de mesure, et de ce fait, la plus petite largeur équivalente mesurable dans nos spectres. Pour un rapport signal sur bruit de 200, cette limite est de $0,4$ mÅ , et pour un rapport signal sur bruit de 500, elle passe à $0,1$ mÅ. Cependant, cette formule ne tient pas compte des erreurs commises par exemple lors du placement du continu et celles commises lors du calcul de la largeur a mi-hauteur. Pour cette raison, les raies les plus petites que l'on peut mesurer ont en fait pour largeur équivalente $1,0$ mÅ et $0,5$ mÅ respectivement.

2.3 Base de données

Ce «Large Programme» nous a permis d'observer une soixantaine d'étoiles différentes très déficientes en métaux, ce qui représente un important volume de données d'un grand intérêt scientifique. Pour pouvoir tirer parti de cette masse d'informations, il faut l'organiser de la manière la plus rationnelle possible. D'où l'idée de créer une base de données qui regrouperait toutes les informations de nos observations.

Cette base de données comprendra des informations de plusieurs sortes :

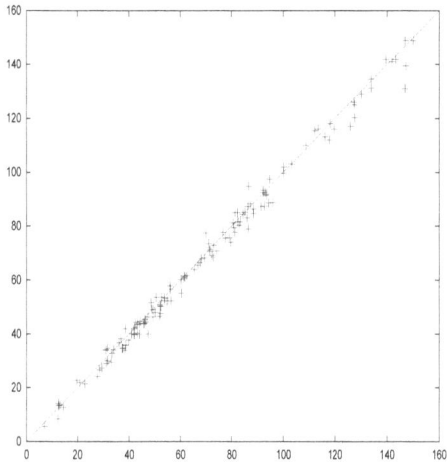

FIG. 2.2 – Comparaison des largeurs équivalentes mesurées par Johnson pour l'étoile HD 122563. La ligne en tirets représente la droite y=x.

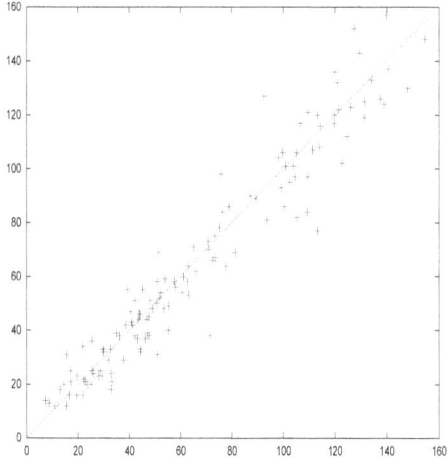

FIG. 2.3 – Comparaison des largeurs équivalentes mesurées par McWilliam pour l'étoile CS 22892–052

17

- des informations sur les étoiles observées ;
- des informations sur la réduction des spectres ;
- des graphiques.

Elle devra aussi dans un premier temps être accessible facilement par tous les membres de notre groupe quelle que soit leur localisation géographique. Nous envisageons de la rendre publique par la suite.

J'ai été chargé de l'étude et la réalisation de cette base de données qui est en cours.

2.3.1 Réalisation de la base de données

La réalisation de la base de données s'est passée en plusieurs étapes. Tout d'abord, j'ai sélectionné les informations intéressantes à entrer dans la base, informations qui par exemple caractérisent le spectre (largeur de la fente d'entrée, temps de pose, nom du fichier d'archives ESO...). Ensuite j'ai créé un modèle d'interface pour que la base soit interrogeable à l'aide d'un navigateur.

Extraction des informations

Cette base est en cours de réalisation, nous allons entrer deux sortes d'informations. Les premières sont extraites directement des en-tête des fichiers FITS, les autres doivent être entrées manuellement.

Les fichiers FITS sont composés de deux parties. Une partie est au format ASCII et contient les en-tête, composés des mots clefs, l'autre partie (binaire) étant le spectre lui-même. La liste des mots clefs du fichier peut être obtenue grâce au script cité à l'annexe B page 110. Pour extraire les mots clefs et leur valeur, j'ai écrit un script en PERL, qui est présenté à l'appendice B page 108. Les champs qui contiendront les informations «externes» comme le rapport signal sur bruit du spectre réduit, le nom de la personne qui a réduit les spectres, les largeurs équivalentes des raies seront entrés plus tard manuellement.

Gestion de la base de données

Il existe plusieurs logiciels qui permettent de gérer des bases de données. Le choix que j'ai fait pour notre base de donnée a été d'utiliser MySQL. Un des avantages de ce logiciel, est qu'il est possible de l'interfacer simplement avec des pages web, pour pouvoir modifier le contenu de notre base de données.

Interface graphique

Pour créer l'interface graphique de notre base de données, j'ai choisi d'utiliser PHP. Ce langage permet de créer des pages web dynamiques. Nous allons donc pouvoir faire afficher le résultat d'une recherche dans la base de données. Il sera possible aussi, grâce à cette interface web d'entrer des informations supplémentaires sur les spectres.

Étoile	date d'observation	Bleu 396 nm	Jaune 573 nm	Rouge 850 nm	S/B 400 nm	S/B 510 nm	S/B 630 nm
		durée d'exposition totale en secondes					
HD 2796	Oct 2000	1800	1300	400	250	390	550
HD 122563	Juil 2000				250	430	670
HD 186478	Oct 2000	800	400	400			
BD +17 3248	Oct 2000	2700	2700	1200	160	290	310
–	Juin 2001						
–	Sept 2001						
BD –18 5550	Oct 2000	1800	1200	600	220	410	630
–	Sept 2001						
CD –38 245	Juil 2000	7200	3600	3600	150	150	200
–	Août 2000						
BS 16467–062	Juin 2001	3600	3600		90	140	170
–	Juil 2001	7200	3600	3600			
BS 16477–003	Juin 2001	14400	7200	7200	90	130	170
BS 17569–049	Juin 2001	9600	6600	3000	120	170	260
CS 22169–035	Oct 2000	7200	3600	3600	150	210	280
CS 22172–002	Oct 2000	7494	3600	3900	130	200	330
CS 22186–025	Oct 2001	10800	7200	3600	95	140	190
CS 22189–009	Oct 2000	7200	3600	3600	90	150	120
CS 22873–055	Mai 2001	7200	3600	3600	140	150	200
–	Sept 2001						
CS 22873–166	Oct 2000	5400	2700	2700	160	240	300
CS 22878–101	Juil 2000	14400	7200	7200	85	100	120
CS 22885–096	Juil 2000	15835	9184	6600	160	250	410
–	Août 2000						
CS 22891–209	Oct 2000	5400	2700	2700	160	200	350
CS 22892–052	Sept 2001	7200	3600	3600	140	130	190
CS 22896–154	Oct 2000	12600	7200	5400	110	230	200
CS 22897–008	Oct 2000	10800	5400	5400	100	170	180
CS 22948–066	Sept 2001	7200	3600	3600	100	130	130
CS 22949–037	Août 2000	30000	19200	10800	110	180	170
–	Sept 2001						
CS 22952–015	Oct 2000	10200	4800	5400	150	220	250
CS 22953–003	Sept 2001	13500	9900	3600	140	160	210
CS 22956–050	Sept 2001	9000	5400	3600	75	95	130
CS 22966–057	Sept 2001	9000	5400	3600	80	105	120
CS 22968–014	Oct 2000	14100	8700	5400	150	220	240
CS 29495–041	Juin 2001	7200	3600	3600	115	130	170
–	Sept 2001						
CS 29502–042	Oct 2000	13500	9900	3600	290	310	330
–	Sept 2001						
CS 29518–051	Oct 2000	7200	3600	3600	100	150	190
CS 30325–094	Juil 2000	7200	6300	3600	110	220	280
–	Août 2000						
CS 31082–001	Août 2000	-	-	-	-	-	-

TAB. 2.1 – Détail des observations. Le rapport signal sur bruit par pixel est donné pour 3 longueurs d'onde. Il y a en moyenne 7 pixels par élément de résolution. Ainsi, pour obtenir le rapport signal sur bruit par élément de résolution, il faut multiplier la valeur lue par $\approx 2,5$. Pour l'étoile CS 31082–001, les détails des observations sont donnés dans Hill et al. (2002)

Chapitre 3

Modélisation et calcul des spectres théoriques

Sommaire

3.1 Calculs théoriques

Les étoiles sont entourées d'une fine couche appelée atmosphère dont nous proviennent les photons. Cette couche ne possède pas de source d'énergie propre : elle rayonne l'énergie produite à l'intérieur de l'étoile.

3.1.1 Rappels sur les atmosphères stellaires

Une atmosphère stellaire est un plasma composé de plusieurs sortes de particules. En raison des conditions de température et de densité qui règnent dans ce plasma (de 10^3 à 10^5K et de 10^6 à 10^{16} g.cm^{-3}), il est naturel de décrire physiquement ces atmosphères en faisant appel à la théorie cinétique des gaz. En première approximation on peut supposer que l'atmosphère d'une étoile est en équilibre hydrostatique et que le peuplement des niveaux des atomes est en équilibre thermodynamique local (ETL) c'est à dire que les lois de Saha et de Boltzman s'appliquent, et que la fonction source peut être assimilée à la fonction de Planck.

Les paramètres fondamentaux qui décrivent une atmosphère stellaire sont :

- La température effective T_{eff}. C'est par définition la température du corps noir rayonnant la même puissance totale F par unité de surface que l'étoile $F = 4\pi R^2 \sigma T_{eff}^4$ où σ est la constante de Stefan, qui vaut $5,67 \times 10^{-8}$ SI ;
- La gravité à la surface de l'étoile : $g = g_\odot M/R^2$ où M et R sont la masse et le rayon de l'étoile exprimés en unités solaires ;
- la composition chimique de surface [M/H]. On définit la quantité [M/H] comme la moyenne de $[M_i/H] = \log (M_i/H)_\star - \log(M_i/H)_\odot$, où M_i est le nombre d'atomes de l'élément i, et H le nombre d'atomes d'hydrogène dans le même volume ;
- les vitesses de micro et macroturbulence, paramètres qui agissent sur la largeur des raies et seraient dérivables des précédents dans un modèle 3-D mais qui, dans des modèles classiques, sont déterminés indépendamment empiriquement.

L'équation de base qui décrit le transfert de rayonnement dans un milieu s'écrit :

$$\frac{dI_\nu}{d\tau_\nu} = -I_\nu + S_\nu \qquad (3.1)$$

Où :

S_ν : fonction-source = j_ν/κ_ν (=B_ν en ETL) ;

j_ν : coefficient d'émission par unité de masse (le long d'une ligne de visée) ;

κ_ν : coefficient d'absorption par unité de masse (le long d'une ligne de visée) ;

ρ : densité de masse ;

τ_ν : profondeur optique = $\int \kappa_\nu\rho \, ds$ (sans dimension) ;

I_ν : intensité spécifique du rayonnement, c'est-à-dire, énergie émise en un point, dans une direction, θ, par unité de surface, par unité d'angle solide, par unité de fréquence et par unité de temps :

$$I_\nu = \frac{dE_\nu}{\cos\theta dA d\omega dt d\nu} \qquad (3.2)$$

Et le flux d'énergie à la fréquence ν, traversant une surface unité, par unité de fréquence et par unité de temps s'exprime comme :

$$F_\nu = \oint I_\nu \cos\theta d\omega \qquad (3.3)$$

Dans le cas des atmosphères stellaires, les modèles admettent communément les hypothèses suivantes :

- l'épaisseur de l'atmosphère est négligeable devant le rayon de l'étoile, et on peut donc considérer celle-ci comme formée de **couches planes et parallèles**. (ex : dans le soleil, la photosphère mesure environ 1000 km, soit $0,6$ millième du rayon). Et la structure de l'atmosphère se réduit à une dimension (le long du rayon de l'étoile), il n'y a donc pas de dépendance azimutale ;
- **l'équilibre hydrostatique** est réalisé, ce qui signifie qu'il n'y a pas d'accélération à grande échelle comparable à la gravité à la surface (pas d'expansion) et pas de pertes de masse significatives. Alors la pression du gaz dans un élément de volume est (la masse des atomes métalliques est négligeable) :

$$P_g = g \left(n_H m_H + n_{He} m_{He}\right) \qquad (3.4)$$

où :

$n_{\mathrm{H}}, n_{\mathrm{He}}$: nombre d'atomes respectivement d'H et d'He, dans un cylindre de 1cm^2 qui "pèse" sur l'élément de volume considéré ;

$m_{\mathrm{H}}, m_{\mathrm{He}}$: masse d'un atome d'H, respectivement d'He ;

g : gravité dans la couche considérée.

Ou encore :

$$P_g = g \, n_{\mathrm{H}} m_{\mathrm{H}} \left(1 + 4 \frac{n_{\mathrm{He}}}{n_{\mathrm{H}}}\right) \tag{3.5}$$

– **l'équilibre thermodynamique local (ETL)** est réalisé, c'est-à-dire que l'on considère que chaque élément de volume de l'atmosphère est suffisamment proche de l'équilibre thermodynamique pour que les lois de Boltzman (excitation du gaz) et Saha (équilibre d'ionisation) soient valables :

$$\mathrm{N}_n \propto g_n \exp(-\tfrac{\chi_n}{k\mathrm{T}})$$
$$\text{Équation de Boltzman} \tag{3.6}$$

soit

$$\frac{\mathrm{N}_n}{\mathrm{N}} = \frac{g_n}{u_r(\mathrm{T})} \exp(-\frac{\chi_n}{k\mathrm{T}}) \tag{3.7}$$

où :

N_n : nombre d'atomes dans l'état d'excitation n ;

N : nombre total d'atomes dans l'état d'ionisation considéré ;

χ_n : potentiel d'excitation de l'état n ;

g_n =2J+1 poids statistique du niveau inférieur de la transition ;

$u_r(\mathrm{T}) = \sum g_i \exp(-\chi_i/k\mathrm{T})$: fonction de partition de l'élément dans l'état d'ionisation r.

$$\frac{\mathrm{N}_{r+1}}{\mathrm{N}_r} \mathrm{P}_e = \frac{(2\pi m_e)^{3/2}(k\mathrm{T})^{5/2}}{h^3} \frac{2u_{r+1}(\mathrm{T})}{u_r(\mathrm{T})} \exp(-\frac{\chi_{i,r}}{k\mathrm{T}}) \tag{3.8}$$
$$\text{Équation de Saha}$$

où :

$\mathrm{N}_{r+1}/\mathrm{N}_r$: nombre d'atomes dans l'état d'ionisation $(r+1)$ sur nombre d'atomes dans l'état d'ionisation (r) ;

$u_{r+1}(\mathrm{T})/u_r(\mathrm{T})$: rapport des fonctions de partition de l'élément dans l'état d'ionisation $(r+1)$ sur (r) ;

$\chi_{i,r}$: potentiel d'ionisation de l'ion dans l'état d'ionisation r ;

P_e : pression électronique ;

m_e : masse de l'électron ;

La fonction source est alors une loi de corps noir et à chaque couche de la photosphère, on associe une température caractéristique unique :

$$\mathrm{S}_v(\tau_v) = \mathrm{B}_v(\mathrm{T}(\tau_v)) = \frac{2hv^3}{c^2} \frac{1}{exp(\frac{hv}{k\mathrm{T}}) - 1} \tag{3.9}$$

et le flux sortant de l'étoile s'écrit donc :

$$\mathrm{F}_v(0) = 2\pi \int_0^\infty \mathrm{B}_v(\mathrm{T}(\tau_v)) \mathrm{E}_2(\tau_v) dt_v \tag{3.10}$$

avec E_2 : fonction intégro-exponentielle d'ordre 2.

23

  – **l'équilibre radiatif** est réalisé, c'est à dire que l'énergie totale absorbée par un volume élémentaire est égale à l'énergie totale émise par ce volume (régime stationnaire).

$$\int_0^\infty F_\nu d\nu + \Phi(x) = F_0 = \text{constante} = \sigma T_{\text{eff}}^4 \tag{3.11}$$

où $\Phi(x)$ est le flux d'énergie transportée par convection, ou flux convectif (s'il existe) et σ est la constante de Stefan (voir section 3.1.1 page 21).

En résolvant ce système d'équations, on peut construire des «modèles d'atmosphère» en fonction des paramètres fondamentaux (T_{eff}, gravité, composition chimique, vitesse de microturbulence). Pour une cinquantaine de niveaux à l'intérieur de l'atmosphère, ces modèles donnent la température T, la pression gazeuse et la pression électronique. Les couches doivent être suffisamment minces pour que T, P et Pe ne varient pas sensiblement à l'intérieur de celles ci.

3.2 Le calcul des raies stellaires

Si l'on veut être capable de calculer un spectre théorique que l'on pourra comparer aux observations, il faut savoir calculer le flux sortant à chaque longueur d'onde. On se donne pour cela un modèle d'atmosphère. On peut alors calculer pour chaque couche aux longueurs d'onde qui nous intéressent, le coefficient d'absorption $\kappa(\nu)$ et la profondeur optique correspondante $\tau(\nu)$ et enfin, calculer le flux sortant (équation 3.10 page précédente) en intégrant sur toutes les couches.

On décompose $\kappa(\nu)$ en un **coefficient d'absorption continue** (qui contient les sources d'absorption qui varient lentement avec la longueur d'onde) et un **coefficient d'absorption sélectif** (qui contient celles qui varient rapidement avec λ, ou «absorption sélective» ou «absorption des raies»).

3.2.1 Absorption continue

Les sources d'absorption continue dans les atmosphères sont de deux types, d'une part les transitions *lié-libre* (type ionisation), et d'autre part les transitions *libre-libre*. Par ailleurs, il faut aussi tenir compte de la diffusion par les électrons et de la diffusion Rayleigh par H et H_2. Dans tous les processus invoqués , H et He (H, H^-, H_2^+, H_2^- et He^-) sont les acteurs prépondérants, en raison de leur grande abondance (90% d'H, 10% d'He - en nombre d'atomes--). Pour les étoiles qui vont nous intéresser (T_{eff} voisin de 5000 K), l'absorption continue est dominée par l'absorption de l'ion H^-, qui est proportionnelle à la pression électronique du milieu (ces transitions reposent sur la liaison entre un e^- et un H neutre).

3.2.2 Absorption sélective

Le coefficient d'absorption sélectif contient les sources d'absorption qui varient rapidement avec la longueur d'onde. Les transitions *lié-lié* (transitions entre deux niveaux d'excitation i et k) des atomes et des molécules sont la source de cette absorption. Les raies atomiques ne sont pas infiniment fines. Outre l'élargissement quantique des niveaux, il existe un certain nombre d'autres causes d'élargissement (amortissement par rayonnement, par choc avec les électrons, par choc avec les atomes d'hydrogène (principale cause) et par choc avec les molécules d'H_2), dont on tient compte dans le coefficient d'amortissement Γ_{ik}, i et k étant les niveaux inférieurs et supérieurs de la transition considérée. Le coefficient d'absorption pour un atome est de la forme :

$$\kappa_\nu = \frac{\pi e^2}{m_e c} f \frac{\Gamma_{ik}}{4\pi^2} \frac{1}{(\nu - \nu_0)^2 + (\frac{\Gamma_{ik}}{4\pi})^2} \qquad (3.12)$$

où :

f : probabilité que la transition ait lieu ;

$\Gamma_{ik} = \frac{1}{t_i} + \frac{1}{t_k}$ avec t_i et t_k les durées de vie des niveaux i et k.

D'autre part, les atomes qui absorbent ne sont pas au repos dans l'atmosphère stellaire et la fréquence centrale de la raie d'absorption est déplacée par effet Doppler pour chaque atome :

$$\Delta\nu = \frac{v\nu_0}{c} \qquad (3.13)$$

La loi de répartition des vitesses est une distribution maxwellienne autour de la vitesse moyenne (d'agitation thermique plus microturbulence) : parmi n atomes, dn ont une vitesse entre v et $v + dv$ et

$$\frac{dn}{n} = \frac{1}{\pi} \exp(-\frac{v^2}{v_0^2}) \frac{dv}{v_0} \qquad (3.14)$$

où :

$v_0 = \sqrt{\frac{2RT}{\mu} + v_t^2}$;

v_t = vitesse de microturbulence ;

$\frac{2RT}{\mu}$: agitation thermique.

Le coefficient d'absorption résultant (en intégrant sur toutes les vitesses) par unité de volume est :

$$\kappa_\nu = N_i \frac{\pi e^2}{m_e c} f \frac{1}{\sqrt{\pi}\Delta\nu_D} H(a, V) \qquad (3.15)$$

avec :

N_i : nombre d'atomes dans l'état d'excitation i par unité de volume ;

$\Delta\nu_D = v_0\nu_0/c$: est la "largeur Doppler" de la raie ;

$H(a, V)$ = fonction d'Hjerting ;

$a = \frac{\Gamma_{ik}}{4\pi\Delta\nu_D}$;

$V = \frac{\nu - \nu_{ik}}{\Delta\nu_D}$.

A partir de l'équation 3.15, sachant que $\tau_\nu = \int \kappa_\nu \rho \, ds$, on peut calculer à chaque fréquence ν le flux sortant F_ν selon l'équation 3.10 page 23, et calculer aussi un spectre synthétique que l'on peut comparer avec le spectre observé

3.2.3 Énergie totale absorbée dans les raies

On utilise souvent pour déterminer les abondances les "largeurs équivalentes" des raies (W) qui représentent en fait l'énergie totale absorbée par la raie. On définit W comme la largeur d'une raie rectangulaire de profondeur 1, dont l'absorption globale serait la même que celle observée dans la raie :

$$W = \int_{-\infty}^{\infty} \frac{(F_{continu} - F_v)}{F_{continu}} dv \tag{3.16}$$

On peut montrer d'après les relations 3.7 et 3.15 que dans le cas des raies faibles (dominées par l'élargissement Doppler) :

$$\log(\frac{W}{\lambda}) = \log\left(\frac{\pi e^2}{m_e c^2} \frac{\frac{N_r}{N}}{u(T)} N_H\right) + \log(A) + \log(gf\lambda) - \frac{5040}{T}\chi - \log(\kappa_{continu}) \tag{3.17}$$

où :

$\frac{N_r}{N}$ et N_H sont respectivement le rapport du nombre d'atomes de l'élément considéré dans l'état d'ionisation r sur le nombre total d'atomes de cet élément et le nombre d'atomes d'hydrogène par unité de volume ;

$A = \frac{N}{N_H}$ est le rapport du nombre d'atomes de l'élément considéré sur le nombre d'atomes d'hydrogène, ou abondance de l'élément.

Cette relation est très intéressante et permet de comprendre qualitativement les effets importants qui affectent la détermination d'abondance dans les étoiles. En particulier, on notera que :

- lorsque la raie est faible, sa largeur équivalente varie linéairement avec l'abondance ;
- la température est un paramètre qui agit très fortement sur l'abondance : A varie comme $(\exp(-\chi 5040/T)$;
- la gravité de l'étoile agit à travers l'équilibre d'ionisation N_r/N et l'absorption continue $(-\log \kappa_{continu})$;
- toute variation sur la force de raie (probabilité de transition) se transforme linéairement en variation sur l'abondance $(\log(gf) \to \log(A))$;
- l'abondance varie comme l'inverse de l'absorption continue $(\log(\kappa_{continu}) \to \log(A))$.

3.3 Modèles utilisés

Pour chaque étoile, nous avons interpolé un modèle dans une grille de modèles calculés à partir du code OSMARCS, développé par Gustafsson et al. (1975) et amélioré ensuite par (Plez et al., 1992; Plez, 1992; Edvardsson et al., 1993a,b; Asplund et al., 1999). Les améliorations majeures faites sur ces grilles de modèles correspondent d'une part à des améliorations des tables d'opacité et d'autre part à la prise en compte des molécules présentes dans l'atmosphère de l'étoile. Comme vu au 3.1.1 page 21, les principaux paramètres qui définissent une atmosphère stellaire sont : la température effective T_{eff}, la gravité de l'étoile logg et sa composition chimique moyenne [M/H]. Il faut donc dans un premier temps faire une première estimation de la température, de la gravité et de la métallicité de l'étoile.

Notons que toutes les étoiles étudiées étant issues du relevé de Beers, nous avons pour chacune une première estimation de sa métallicité d'après les spectres à moyenne résolution, suffisante pour déterminer le modèle pour une première itération.

3.3.1 Détermination de la température effective des étoiles

La température effective des étoiles étudiées est déterminée d'après les indices photométriques. Nous avons utilisé les couleurs (B-V) et (V-R) mesurées par T. Beers ou retenues par McWilliam et al. (1995b) , les magnitudes J, H et K du catalogue 2MASS (Finlator et al., 2000) et les couleurs I et J du catalogue DENIS. Pour chaque étoile le rougissement a été évalué d'après les cartes de Schlegel et al. (1998). Les indices de couleurs ont été convertis en température en utilisant les calibrations de Alonso et al. (1999) pour les géantes. Cette calibration est basée sur la méthode «IRFM» (Infra-Red Flux Method). Cette méthode permet de déterminer la température effective d'une étoile en comparant les flux bolométriques et infra-rouges. En apliquant deux fois l'équation 3.18 :

$$\frac{f}{F} = \left(\frac{R}{d} \right) \tag{3.18}$$

où
- F est la puissance rayonnée par l'étoile ;
- f, le flux bolométrique mesuré ;
- R la distance de l'étoile ;
- d : le diamètre de létoile.

on peut éliminer les inconnues R et d. On obtient alors l'équation suivante :

$$\frac{f}{f_\lambda} = \frac{F}{F_\lambda} \tag{3.19}$$

où les variables ayant λ en indice, representent des mesures monochromatiques. En choisissant de mesurer le flux monochromatique dans l'infra-rouge, il est possible de determiner alors la température effective de l'étoile.

La photométrie détaillée de chaque étoile et les températures effectives déduites des différents indices sont présentées dans l'annexe D page 113 ainsi que la température effective adoptée dans chaque cas.

Notons que lorsque l'on dispose de plusieurs indices photométriques (par exemples (B−V), (V−R), (V−K), (V−I)) pour une même étoile, ces indices conduisent à des températures différentes. La différence maximum atteint souvent 150K. Comme nous ne disposons pas des mêmes couleurs pour toutes les étoiles, nous avons admis que notre détermination de la température était précise à 150K près.

Par ailleurs, les calibrations d'Alonso et al. (1999) peuvent-elles aussi, être entachées d'une erreur systématique. Cette erreur, toutefois, aura un effet identique pour toutes les étoiles de notre échantillon, car elles sont très semblables.

La figure 3.1 page suivante montre l'évolution de la métallicité en fonction du potentiel d'excitation des raies. L'absence de pente montre que le choix de la température est correct.

3.3.2 Détermination de la vitesse de microturbulence

On considère en général que la vitesse de microturbulence est constante dans toute l'atmosphère. Elle correspond à la queue de distribution des mouvements à grande échelle qui se produisent dans l'atmosphère des étoiles. Elle affecte la largeur des raies en les désaturant. La vitesse de microturbulence affecte les raies différemment selon leur intensité. On choisit la valeur de v_t telle que l'abondance soit indépendante de l'intensité de la raie qui a servi à la

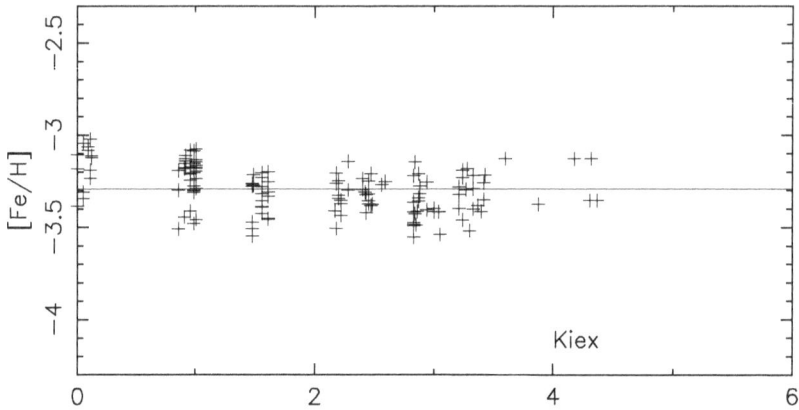

FIG. 3.1 – Étude de l'abondance en fer (raies de Fe I) en fonction du potentiel d'excitation des raies mesurées dans l'étoile CS 22878–101. Le rapport [Fe/H] devrait être indépendant de la raie choisie, quel que soit le potentiel d'excitation de celle-ci. On remarque en général que les raies à très faible potentiel d'excitation donnent une valeur légèrement supérieure. Cela peut s'interpréter par une plus grande sensibilité de ces raies aux écarts à l'ETL.

détermination et on fait cette détermination pour un élément qui est représenté par de nombreuses raies : le Fe I. La figure 3.2 page ci-contre montre l'évolution de la métallicité en fonction de la largeur équivalente pour l'étoile CS 22878–101. On constate que quelle que soit la largeur équivalente des raies, l'abondance ne change pas. La vitesse de microturbulence choisie est donc la bonne. L'incertitude que nous avons pour celle ci est de $0,2 \mathrm{km.s}^{-1}$.

3.3.3 Détermination de la gravité

La gravité de chaque étoile a été choisie afin que les abondances du fer et du titane déterminées à partir des raies de FeI et TiI soient égales aux abondances déduites des raies de FeII et TiII. C'est la méthode la plus généralement utilisée (McWilliam et al., 1995a,b; Johnson, 2002; Norris et al., 2000) pour étudier des étoiles de ce type.

Cela suppose que les écarts à l'ETL (écarts à l'ionisation) soient faibles. Deux articles récents (Allende Prieto et al., 1999; Thévenin et Idiart, 1999) ont noté que ces effets peuvent être significatifs dans des étoiles très déficientes en métaux qui ont donc un flux UV relativement important. Il semble que la gravité «spectroscopique» ainsi déterminée soit plus faible (entre $0,3$ et $0,5$ dex) que la gravité que l'on peut déduire de la parallaxe (Hipparcos). Notons que cette méthode qui compense une surionisation des éléments par une légère diminution de la gravité a (sauf cas particuliers) peu d'influence sur la valeur de l'abondance finale. Récemment, Carretta et al. (2002) ont déterminé la gravité d'étoiles très déficientes en métaux en utilisant des diagrammes d'évolution théoriques adaptés à la métallicité des étoiles. Avec le log g ainsi déterminé l'équilibre d'ionisation se trouve être pratiquement réalisé (en général à mieux que $0,1$ dex) et ils en déduisent que les écarts à l'ETL doivent être en général assez faibles.

Le choix du modèle final de l'étoile se fait après plusieurs itérations. En général deux ou

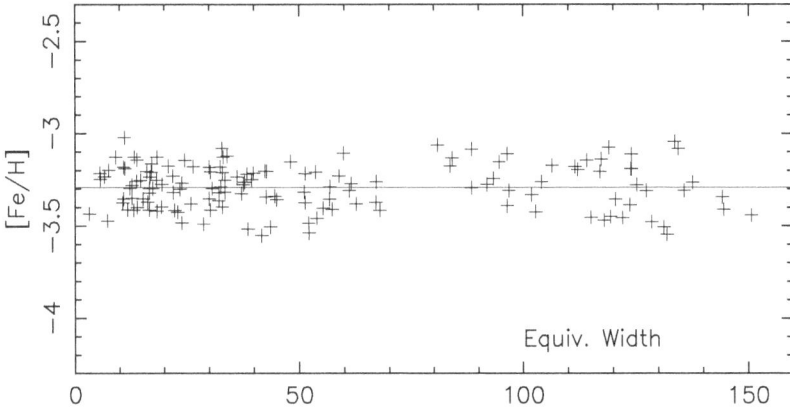

FIG. 3.2 – Étude de l'abondance en fer (raies de Fe I) en fonction de la largeur équivalente des raies mesurées dans l'étoile CS 22878–101. On vérifie que la métallicité fournie par le modèle est la même quelle que soit la largeur équivalente (intensité) de la raie

trois itérations sont suffisantes.

Les paramètres des modèles adoptés pour les étoiles de notre échantillon sont présentés à la table 3.1 page 32.

3.3.4 Détermination des abondances

Pour déterminer la composition chimique d'une étoile, on procède de deux manières différentes, selon que les raies peuvent ou non être individualisées.

En utilisant les largeurs équivalentes Il n'est pas possible de calculer directement l'abondance des éléments à partir des largeurs équivalentes W des raies et du modèle d'atmosphère, alors que l'inverse l'est. On procède donc soit par itération soit en tabulant la fonction W=f(abondance) et en inversant cette relation pour obtenir l'abondance correspondant à la largeur équivalente observée.

Procéder par synthèse spectrale Dans le cas où il n'est pas possible de mesurer la largeur équivalente d'une raie parce que par exemple elle est sévèrement mélangée avec une (ou plusieurs raies), ou parce qu'on veut mesurer une bande moléculaire ou une raie affectée de structure hyperfine, on synthétise la partie correspondante du spectre. On se donne une abondance initiale de l'élément (ou des éléments) que l'on veut mesurer et on calcule le spectre correspondant. On compare au spectre observé et on itère en changeant l'abondance jusqu'à ce que les spectres calculés encadrent le spectre observé. Par interpolation, on obtient l'abondance finale. La figure 3.4 page 31 montre la superposition de trois synthèses de la bande de CH dans l'étoile HD122564 pour 3 abondances du carbone : $\varepsilon = 5, 12; 5, 22; 5, 32$ (rappelons que par convention, $\varepsilon_H = 12$) et du spectre observé. On peut alors déterminer quelle est l'abondance qui correspond le mieux, ainsi que l'erreur qui est faite lors de cette détermination.

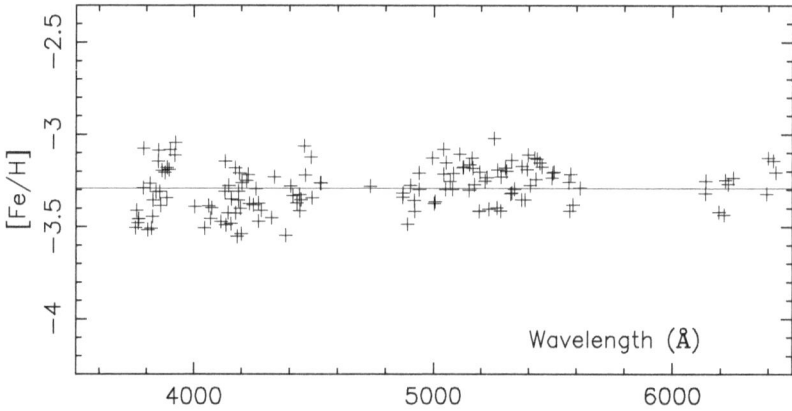

FIG. 3.3 – Étude de l'abondance en fer (raies de FeI) en fonction de la longueur d'onde pour l'étoile CS 22968–14. On vérifie que le modèle choisi fournit la même abondance de fer quelle que soit le domaine de longueur d'onde (de l'UV au rouge) On remarque toutefois une très légère tendance de [Fe/H] a décroître lorsque λ est inférieur à 450 nm.

Johnson (2002) avait remarqué une corrélation entre l'abondance et la longueur d'onde des raies. Dans un premier temps, nous utilisions un code de calcul d'abondances qui traitait la diffusion dans le continu comme de l'absorption vraie, et nous constatons aussi un effet très significatif. Mais lorsque j'ai utilisé le programme développé par Alvarez et Plez (1998) , «turbospectrum», cet effet a été fortement diminué(voir la figure 3.3).

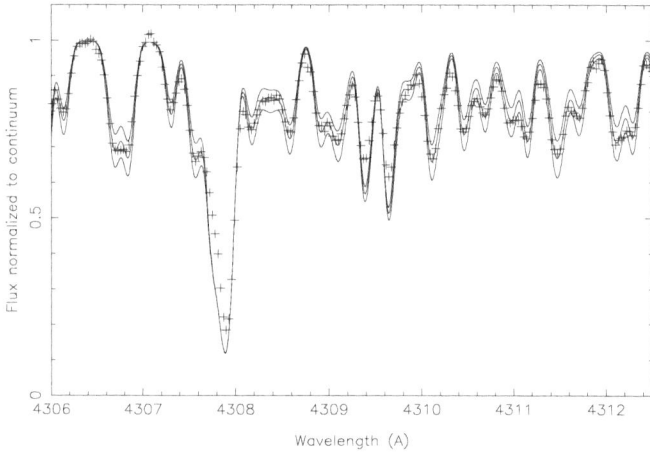

FIG. 3.4 – Comparaison entre une série de spectres synthétiques et le spectre observé de l'étoile HD122563. Le spectre observé est représenté par des croix, et les spectres synthétiques, calculés pour trois abondances différentes ($\log \varepsilon = 5, 12; 5, 22; 5, 32$) de carbone, sont représentés en trait continu.

TAB. 3.1 – Paramètres des modèles adoptés pour les étoiles, et métallicité

Étoile	T_{eff}	log g	vt	$[Fe/H]_{modèle}$	$[Fe/H]$
HD 2796	4990	1,6	2,3	−2,4	−2,43
HD 122563	4600	1,1	2,0	−2,8	−2,79
HD 186478	4700	1,4	2,0	−2,6	−2,57
BD +17 3248	5250	2,3	1,5	−2,0	−2,06
BD −18 5550	4750	1,2	2,0	−3,0	−3,06
CD −38 245	4900	1,7	2,0	−4,0	−4,09
BS 16467–062	5100	3,0	1,7	−4,0	−3,94
BS 16477–003	4800	1,4	1,8	−3,0	−3,42
BS 17569–049	4650	1,0	2,0	−3,0	−2,92
CS 22169–035	4700	1,0	2,2	−3,0	−3,04
CS 22172–002	4700	1,0	3,0	−4,0	−3,86
CS 22186–025	4850	1,2	2,2	−3,0	−3,05
CS 22189–009	4900	1,7	2,0	−3,0	−3,48
CS 22873–055	4450	0,7	2,2	−3,0	−2,98
CS 22873–166	4450	0,4	2,3	−3,0	−2,96
CS 22878–101	4800	1,3	2,0	−3,0	−3,25
CS 22885–096	4900	2,0	1,8	−4,0	−3,96
CS 22891–209	4700	0,8	2,5	−3,0	−3,29
CS 22892–052	4850	1,6	1,9	−3,0	−3,03
CS 22896–154	5150	2,5	1,5	−2,7	−2,71
CS 22897–008	4900	1,7	2,0	−3,0	−3,40
CS 22948–066	5100	1,8	2,0	−3,0	−3,14
CS 22949–037	4900	1,5	2,0	−4,0	−3,97
CS 22952–015	4800	0,9	2,5	−3,0	−3,43
CS 22953–003	5000	2,0	1,6	−3,0	−2,92
CS 22956–050	4900	1,7	1,8	−3,0	−3,33
CS 22966–057	5300	2,0	1,5	−2,6	−2,62
CS 22968–014	4800	1,5	2,0	−3,0	−3,55
CS 29495–041	4800	1,6	1,8	−2,8	−2,81
CS 29502–042	4900	1,5	2,0	−3,0	−3,19
CS 29518–051	4900	2,0	1,4	−2,8	−2,78
CS 30325–094	4800	1,8	1,6	−3,0	−3,35
CS 31082–001	4825	1,5	1,8	−2,9	−2,90

Chapitre 4

Abondances des éléments et dispersion cosmique

4.1   Abondances des éléments du carbone au zinc

La détermination des abondances dans les étoiles très déficientes du halo a fait l'objet de nombreux travaux. Citons en particulier les études de McWilliam et al. (1995a,b) (cité dans ce qui suit comme MW95), de Ryan et al. (1996)(R96), de Johnson (2002)(J02) et de (Carretta et al., 2002; Cohen et al., 2002)(C02).

  - McWilliam *et al.*

    Les travaux de McWilliam et al. (1995a) servent encore aujourd'hui de référence dans l'étude de l'évolution chimique du halo de notre Galaxie. Ils ont en effet étudié la composition chimique de 33 étoiles géantes ayant des métallicités comprises entre [Fe/H] $= -2,4$ et [Fe/H]$= -4,0$. Dans un domaine spectral allant de 360 à 760 nm, ils ont mesuré les abondances de : C, Na, Mg, Al, Ca, Sc, Ti, Cr, Mn, Co, et Ni, dans la plupart de ces étoiles.

Mais, leurs observations ont été faites au télescope de 2, 5m de Las Campanas, la résolution du spectrographe n'était que de 22000 et le rapport S/B d'environ 40. La précision de ces abondances n'est donc pas très bonne.

- Ryan *et al.*

Ces travaux ont été faits au télescope anglo-australien de 4m. Le domaine de longueur d'onde couvert par le spectrographe échelle va de 372 à 467nm, avec un pouvoir de résolution de 40000. Le rapport signal sur bruit atteint au cours de leurs observations est d'environ 50 pour les étoiles géantes de leur échantillon. Leur échantillon comprenait 5 étoiles géantes, dans lesquelles ils ont mesuré les abondances de 11 éléments jusqu'au nickel.

- Johnson

Cette étude a été menée sur deux télescopes : le télescope de 3 m de l'observatoire Lick et le télescope Keck. Les observations ont été faites sur des étoiles plus brillantes que celles de notre échantillon (la magnitude de l'étoile la plus faible est $m_V = 10, 52$). Dans l'intervalle 380 nm $< \lambda <$ 710 nm et avec un rapport S/B comparable au nôtre, elle a mesuré les abondances de 14 éléments dans son échantillon d'étoiles, dont les métallicités s'échelonnent de $-1, 72$ à $-3, 15$. La métallicité moyenne de son échantillon est $-2, 43$; ses étoiles sont donc , en moyenne, beaucoup plus riches que celles de notre échantillon. Notons que de ce fait, une différence avec Johnson (2002) ne va pas signifier nécessairement un désaccord, Johnson (2002) étudiant la variation des rapports d'abondance dans l'intervalle $-3, 0 <$[Fe/H]$< -2, 0$ et nous dans l'intervalle $-4, 0 <$[Fe/H]$< -3, 0$.

- Carretta *et al.*

Les observations ont été faites au télescope Keck. Les mesures d'abondances de cette étude ont été faites sur 8 étoiles sélectionnées dans le relevé Hambourg/ESO (Christlieb, 2000). Les métallicités des étoiles observées, 14 en tout, mais essentiellement des étoiles dites du « turn-off », vont de -2.06 à $-3, 59$. 9 éléments sont en commun avec notre étude.

Notre étude se différencie des travaux précédents en ce que, pour la première fois, on a étudié de façon homogène, un échantillon d'étoiles très déficientes (33), à grand rapport signal sur bruit dans un grand intervalle de longueur d'onde (voir la table 2.1.4 page 19). Cela nous a permis d'étudier des éléments qui avaient été très peu étudiés (comme le potassium, le zinc) et d'avoir une précision inégalée sur des rapports d'abondances très contestés (celui de l'oxygène par exemple). Les tendances des abondances en fonction de la métallicité sont bien mieux définies, et pour la première fois, on va pouvoir séparer clairement à faible métallicité, les différentes causes de dispersion (voir la section 4.4 page 54).

Les abondances de 17 éléments pour 33 géantes sont présentées dans les tables page 80 à 87. En tête sont présentées les quelques étoiles « brillantes » qui ont un numéro dans les catalogues HD, BD ou CD. Ensuite sont listées les étoiles du relevé de Beers et al. (1985, 1992), présentées par ordre alphabétique. Dans ces tables, $\log \varepsilon$ représente la mesure du logarithme de l'abondance de l'élément par rapport à l'hydrogène en nombre d'atomes, décalé de $+12$. Un $\log \varepsilon$ de 4 signifie donc une abondance relative à 10^{12} atomes d'hydrogène de $\log \frac{n_{elt}}{n_H} = -8$. Le σ représente l'écart-type obtenu lors du calcul de l'abondance de l'élément, faisant intervenir les N raies.

4.2 Estimation des erreurs dans la détermination des abondances

4.2.1 Erreurs dues aux incertitudes sur les paramètres du modèle

On a vu au 3.3 page 26 qu'un modèle d'atmosphère dépend des paramètres T_{eff}, g et v_t. Pour une température donnée, l'équilibre d'ionisation nous fournit une estimation de la gravité de l'étoile : le $\log$ g est déterminé avec une précision d'environ $0,1$ dex et la vitesse de microturbulence peut être contrainte avec $0,2$ km.s^{-1} de précision. Les plus grandes incertitudes dans les déterminations des abondances viennent de l'erreur commise lors de la détermination de la température elle-même (cette erreur est d'environ 150K voir paragraphe 3.3.1 page 27). La table 4.2.4 page 39 donne les incertitudes calculées *séparément* pour chacune des trois origines possibles, à savoir $\log$ g, v_t, et T_{eff}. Les colonnes 2 à 4 de cette table montrent les différences dans les déterminations d'abondances quand on fait varier la gravité et la microturbulence pour HD 122563 ($T_{eff} = 4600$, $\log$ g$= 1,1$ et $v_t = 2,0$km.s^{-1}) et CS 22948 $- 066$ ($T_{eff} = 5100$, $\log$ g$= 1,8$ et $v_t = 2,0$km.s^{-1}). On a choisi une des étoiles les plus froides et une des plus chaudes de notre échantillon. Les erreurs dues à un mauvais choix de métallicité dans le modèle d'atmosphère sont négligeables comparées à celles mentionnées plus haut.

Avec la méthode utilisée, puisque la gravité est déterminée par l'équilibre d'ionisation, une variation de T_{eff}induit un changement de $\log$ g et éventuellement, une variation de v_t. Pour évaluer l'erreur totale, nous avons déterminé les abondances dans les deux étoiles citées plus haut en utilisant le modèle «nominal» et un autre dans lequel la température a été abaissée de 150K, et où la gravité et la vitesse de microturbulence ont été réajustées.

Pour HD 122563 ($T_{eff} = 4600$ K), le $\log$ g diminue de $0,6$ dex et la vitesse de microturbulence de $0,2$ km.s^{-1} , tandis que pour CS 22948 $- 066$ ($T_{eff} = 5150$ K), le $\log$ g diminue de $0,2$ dex et la vitesse de microturbulence reste inchangée. La colonne 5 de la table 4.2.4 page 39 montre que si les différences en métallicité ([Fe/H]) entre les deux modèles sont de l'ordre de $\sim 0,15$ dex, les différences dans les rapports d'abondances sont en général inférieures à $0,05$ dex. Des différences plus importantes sont cependant notables pour les rapports [O/Fe], [Mg/Fe] et [Ca/Fe].

Par ailleurs, le magnésium et le calcium d'un côté, et l'oxygène de l'autre, se comportent de manière opposée vis-à-vis d'une erreur sur la température effective. Les incertitudes sur le rapport [O/Mg] et [O/Ca], parfois utilisés dans les modèles d'évolution de la Galaxie, sont donc toujours grandes, de l'ordre de $0,2$ dex (voir la table 4.2.4 page 39 colonne 5)

4.2.2 Erreurs dues aux incertitudes sur les paramètres des raies

Le calcul des abondances à partir des raies stellaires dépend de paramètres physiques caractéristiques de la raie. Ces paramètres sont plus ou moins bien connus. Les principaux sont la force d'oscillateur de la raie gf, et la constante d'amortissement. Dans le cas des étoiles très déficientes en métaux les raies sont en général faibles (< 80 mÅ) et la constante d'amortissement a peu d'influence sur les calculs, par contre l'abondance ε_i est inversement proportionnelle à gf et une erreur d'un facteur 2 sur gf entraîne une erreur d'un facteur 2 sur l'abondance déterminée à partir de la raie.

On peut considérer que ces erreurs sont aléatoires d'une raie à l'autre mais comme nous mesurons essentiellement les mêmes raies dans chaque étoile, elles vont induire une erreur systématique sur l'abondance de toutes les étoiles de notre échantillon. Dans la mesure où toutes les étoiles ont des températures et des gravités très voisines ces erreurs vont induire la même erreur sur l'abondance pour toutes les étoiles de notre échantillon : il s'agit bien d'une erreur systématique.

4.2.3 Erreurs induites par l'incertitude sur la mesure des raies

Cette incertitude peut se décomposer en deux parties :
- d'une part l'erreur sur la mesure de la largeur équivalente qui vient du fait que le spectre est plus ou moins bruité, que l'on place le continu plus ou moins haut, et que la largeur de la raie est plus ou moins bien définie (voir équation 2.1 page 16). Ces erreurs sont aléatoires elles varient de raie à raie et d'étoile à étoile ;
- d'autre part des erreurs systématiques sur les raies. Certaines raies peuvent être mélangées avec des raies non identifiées ou avec une raie bien identifiée mais dont on exagère l'importance. Ces erreurs affectent aléatoirement les raies mais, du fait que nos étoiles se ressemblent beaucoup, l'abondance déduite de la raie affectée sera systématiquement trop forte ou trop faible dans toutes les étoiles.

4.2.4 Erreurs totales sur les abondances

Pour un élément donné dans une étoile donnée, si l'on détermine l'abondance à partir de n raies, σ (voir par exemple les tables page 80) représente l'écart type lié aux mesures. Ce σ tient compte des erreurs de mesure qui entraînent des erreurs aléatoires sur l'abondance (position du continu, etc.) mais aussi des erreurs «systématiques» qui entraînent la même erreur d'abondance sur toutes les étoiles de notre échantillon (erreurs de gf ,etc.).

À ces erreurs, il faut encore ajouter l'erreur due aux incertitudes sur les paramètres des modèles et à l'incertitude sur les corrections des effets hors ETL

On obtient ainsi l'erreur totale. C'est l'erreur qu'il faudra prendre en compte si, par exemple, on veut comparer les abondances mesurées dans l'atmosphère d'une étoile aux prédictions d'ejecta des modèles de supernova. C'est l'erreur que nous avons porté dans les figures 4.1 à 4.21.

4.3 Variation des abondances en fonction de la métallicité

On trouvera dans la table 4.4 page 57, le détail des paramètres des régression linéaires que nous avons calculé pour chaque élément. Cette table montre les coefficients de la droite de régression calculée par la méthode des moindres carrés. Nous avons calculé les dispersions autour de chaque droite de régression, en séparant l'échantillon en trois intervalle de métallicités, pour faire ressortir le changement de régime qui se produit lorsque la métallicité vaut $-3, 0$.

4.3.1 Carbone et azote

Dans les géantes froides seules sont mesurables les bandes moléculaires de CH ou parfois de CN. Le carbone a été peu étudié dans les étoiles XMP et il faut remonter à McWilliam et al. (1995b) pour trouver une étude de la variation de l'abondance du carbone en fonction de l'abondance du fer aux faibles métallicités dans des géantes «normales» (c'est à dire n'étant pas signalées comme étant «riches en C» d'après des spectres à faible résolution). Comme le montre la figure 4.1 page 40, le carbone présente une abondance moyenne voisine de l'abondance solaire dans notre échantillon d'étoiles.

Peu d'étoiles de notre échantillon présentent une très forte surabondance de carbone alors que Beers (1999); Rossi et al. (1999) signalent qu'un nombre important d'étoiles

HD122563

A : T_{eff}=4600K, log g=1.1 dex, vt=2.0 kms^{-1}
B : T_{eff}=4600K, log g=1.0 dex, vt=2.0 kms^{-1}
C : T_{eff}=4600K, log g=1.1 dex, vt=1.8 kms^{-1}
D : T_{eff}=4450K, log g=1.1 dex, vt=2.0 kms^{-1}
E : T_{eff}=4450K, log g=0.5 dex, vt=1.8 kms^{-1}

Élément	Δ_{B-A}	Δ_{C-A}	Δ_{D-A}	Δ_{E-A}
[Fe/H]	-0,01	0,06	-0,14	-0,11
[O I/Fe]	-0,02	-0,06	0,04	-0,17
[Na I/Fe]	0,04	0,04	-0,23	0,02
[Mg I/Fe]	0,04	-0,02	-0,09	0,12
[Al I/Fe]	0,04	0,03	-0,19	0,07
[Si I/Fe]	0,03	0,00	-0,10	0,09
[K I/Fe]	0,02	-0,03	-0,02	0,03
[Ca I/Fe]	0,02	-0,03	0,00	0,09
[Sc II/Fe]	-0,01	0,02	0,05	-0,03
[Ti I/Fe]	0,02	-0,03	-0,13	-0,03
[Ti II/Fe]	-0,01	0,03	0,07	0,01
[Cr I/Fe]	0,03	0,06	-0,18	0,02
[Mn I/Fe]	0,04	0,07	-0,25	-0,01
[Fe I/Fe]	0,03	0,03	-0,14	0,04
[Fe II/Fe]	-0,02	-0,03	0,15	-0,04
[Co I/Fe]	0,03	0,09	-0,18	0,04
[Ni I/Fe]	0,03	0,06	-0,18	0,04
[Zn I/Fe]	0,00	-0,05	0,09	-0,01

CS22948-066

A : T_{eff}=5100K, log g=1,8 dex, vt=2,0 kms^{-1}
B : T_{eff}=5100K, log g=1,7 dex, vt=2,0 kms^{-1}
C : T_{eff}=5100K, log g=1,8 dex, vt=1,8 kms^{-1}
D : T_{eff}=4950K, log g=1,8 dex, vt=2,0 kms^{-1}
E : T_{eff}=4950K, log g=1,4 dex, vt=2,0 kms^{-1}

Élément	Δ_{B-A}	Δ_{C-A}	Δ_{D-A}	Δ_{E-A}
[Fe/H]	-0,01	0,03	-0,10	-0,15
[O I/Fe]	-0,02	-0,03	-0,01	-0,08
[Na I/Fe]	0,02	0,06	-0,06	0,03
[Mg I/Fe]	0,03	0,03	-0,03	0,09
[Al I/Fe]	0,02	0,04	-0,05	0,03
[Si I/Fe]	0,02	0,03	-0,07	0,03
[K I/Fe]	0,01	-0,03	-0,02	0,05
[Ca I/Fe]	0,01	-0,02	-0,01	0,06
[Sc II/Fe]	-0,02	0,01	0,01	-0,05
[Ti I/Fe]	0,01	-0,03	-0,09	-0,01
[Ti II/Fe]	-0,02	0,01	0,02	-0,05
[Cr I/Fe]	0,02	0,02	-0,07	0,01
[Mn I/Fe]	0,02	0,03	-0,08	0,01
[Fe I/Fe]	0,02	0,02	-0,07	0,01
[Fe II/Fe]	-0,02	-0,02	0,08	-0,01
[Co I/Fe]	0,02	0,01	-0,09	-0,01
[Ni I/Fe]	0,01	0,09	-0,09	0,00
[Zn I/Fe]	0,00	-0,03	0,02	0,03

TAB. 4.1 – Incertitudes dues aux paramètres des modèles d'atmosphère

très pauvres en métaux semble, d'après des spectres à moyenne résolution, avoir une forte bande de CH ($\sim 25\%$ des étoiles dont la métallicité est inférieure ou égale à -3). Ce désaccord apparent s'explique par le fait que nous avons éliminé, sauf exceptions (CS 22949–037 et CS22892–052) les étoiles signalées comme étant «riches en CH». Dans notre échantillon, l'abondance du carbone est malgré tout très dispersée.

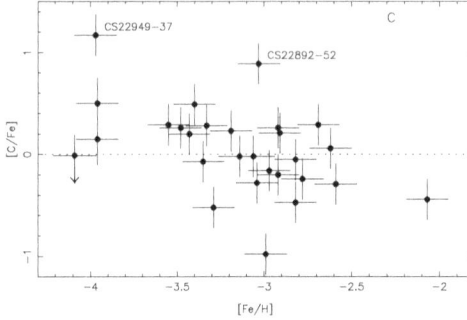

FIG. 4.1 – Abondance du carbone dans les étoiles géantes de notre échantillon. L'abscisse est le rapport de l'abondance du fer Fe/H rapporté à l'abondance solaire. L'ordonnée est le rapport des abondances du carbone et du fer, rapporté au rapport solaire. Les deux coordonnées sont en échelles logarithmiques. L'amplitude des barres d'erreurs représente l'erreur totale du [Fe/H] et [C/Fe]

Le problème est de savoir si cette abondance est bien celle qui régnait dans le milieu lorsque ces étoiles se sont formées. On sait en effet que dans les géantes rouges, en particulier lors de ce qui est appelé le premier «dredge-up», il y a un mélange entre la surface et la couche qui brûle l'hydrogène (cycle CNO voir la section 1.2 page 6 et la figure 1.1 page 8). Dans cette couche, le carbone est transformé en azote. Lorsque ce mélange a lieu, l'abondance du carbone diminue et l'abondance de l'azote augmente dans l'atmosphère de l'étoile par rapport à la composition initiale. Comme la convection devient de plus en plus efficace à mesure que l'étoile géante évolue (et donc, que sa température décroît), on peut s'attendre à une diminution de l'abondance du carbone avec la température. Un tel phénomène a d'ailleurs été signalé dans les amas globulaires (Langer et al., 1986; Kraft, 1994) C'est bien ce que l'on observe dans nos étoiles comme on peut le voir à la figure 4.2 page ci-contre. Le rapport [C/Fe] reste stable jusqu'à environ $T_{eff} = 4800$K puis décroît progressivement avec la température.

Deux étoiles semblent s'écarter de la courbe moyenne CS 22949–037 (Depagne et al., 2002) et CS22892-52 (Sneden et al., 1996, 2000) qui toutes deux sont des étoiles très particulières et connues pour être très riches en carbone et en azote et que nous avons inclus dans cette étude à titre de comparaison.

Pour vérifier l'existence d'un mélange, il serait intéressant d'étudier également la variation du rapport [C/N] avec la température. On s'attend en effet à une variation encore plus importante du rapport [C/N] (voir par exemple Aoki et al. (2002)). Malheureusement peu de nos étoiles ont une bande de CN mesurable, en particulier les plus déficientes. L'abondance de l'azote n'a pu être mesurée que dans six étoiles (voir la figure 4.4 page 43) dont seulement 4 ont une déficience inférieure à [Fe/H]$= -2, 7$ et parmi celles ci l'une est l'étoile très anormale CS 22949–037 (voir section 4.6 page 58). Si toutefois on place ces étoiles dans le graphique de

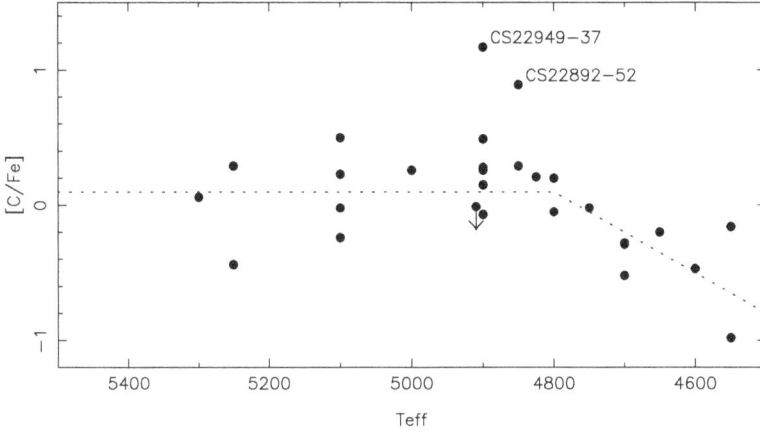

FIG. 4.2 – Évolution de l'abondance du carbone en fonction de la température.

Aoki et al. (2002) [C/N] en fonction de $log T_{eff}$ ces étoiles ne s'écartent pas sensiblement de la courbe moyenne (voir figure 4.3 page suivante). Il semble qu'à partir d'environ 4800 K le rapport [C/N] décroisse vers [C/N] = -2 valeur d'équilibre du cycle CN (Arnould et al., 1999).

Notons que dans un grand nombre des spectres des étoiles de notre échantillon la bande de NH à 336 nm est visible. Malheureusement les données physiques relatives à cette bande sont mal connues et l'utilisation des données existantes aboutit à des valeurs de N/H très différentes de celles obtenues à partir de la bande de CN. Ce problème est en cours d'étude.

Dans la figure 4.5 page 43 je présente la variation de [C/Fe] en fonction de la métallicité pour toutes les étoile de notre échantillon ayant une température supérieure à 4800K. La dispersion est moindre que dans la figure 4.1 page précédente. Pour [Fe/H]= -2, Carbon et al. (1987) trouvent [C/Fe] $\approx$ 0. Nous trouvons que pour [Fe/H] $\approx$ $-2,5$ [C/Fe] vaut $\approx$ $+0,1$ et pour [Fe/H] $\approx$ $-3,5$ on obtient [C/Fe]$\approx$ $+0,2$. Il semble donc que l'abondance de C puisse croître légèrement quand la métallicité décroît. McWilliam et al. (1995b) trouvait une possible tendance de [C/Fe] à croître lorsque [Fe/H] décroît (environ $0,3$ dex entre [Fe/H]= -1 et [Fe/H]= -4) si l'on écartait les plus froides des étoiles dont l'atmosphère a pu être altérée. Cette tendance est à la limite de la significativité car l'erreur sur [C/Fe] est importante (cf. la figure 4.5 page 43. Notons que dans l'étoile CD $-38°$ 245, la bande de CH n'est pas visible, le point correspond donc à une limite supérieure).

4.3.2 Abondance des éléments α : oxygène, magnésium, calcium, silicium et titane

Oxygène

L'oxygène est le troisième élément le plus abondant dans l'Univers après l'hydrogène et l'hélium. Cet élément est principalement formé dans les phases de fusion hydrostatique. On le trouve principalement dans les éjecta des supernovae massives.

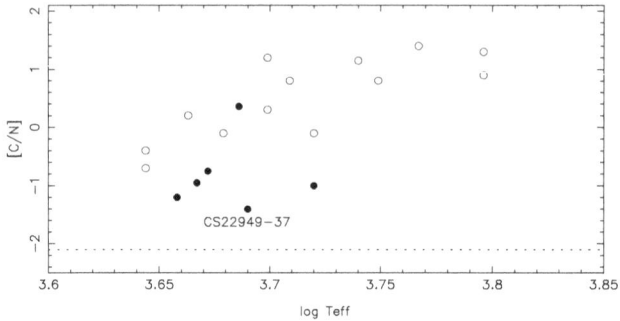

FIG. 4.3 – Variation du rapport carbone sur azote en fonction de $\log T_{eff}$ pour les étoiles pauvres en métaux et riches en carbone de Aoki et al. (2002) (ronds clairs). Les • représentent toutes les étoiles dans lesquelles nous avons pu mesurer l'abondance de C et de N. Ces étoiles, sauf CS 22949–037 , ne sont pas riches en carbone, mais semblent suivre la même loi : [C/N] décroît pour $\log T_{eff} < 3,68$ (soit $T_{eff} < 4800$ K). on notera toutefois que la dispersion est grande. La droite en pointillés représente la valeur d'équilibre du cycle CN, d'après Arnould et al. (1999)

La connaissance précise de l'abondance de l'oxygène dans les plus vieux objets de la Galaxie, et de l'évolution du rapport [O/Fe] au cours du temps est fondamentale pour plusieurs problèmes « clés » de l'astronomie moderne. Ainsi la détermination de l'âge des vieilles étoiles de la Galaxie (donc l'âge de la Galaxie), à partir des chemins d'évolution des étoiles, dépend fortement de l'abondance de l'oxygène dans ces étoiles. Cette abondance affecte l'opacité et par conséquent la structure et l'évolution des étoiles : plus une étoile est riche en oxygène plus elle évolue vite. Une variation de [O/Fe]$= 0,3$ dex a pratiquement le même effet qu'une différence d'âge d'environ 1 milliard d'années (VandenBerg et Bell, 2001).

La connaissance de [O/Fe] dans les premières phases de la Galaxie permet aussi de tester les prédictions des éjecta des supernovae massives qui sont seules responsables de la composition chimique de la matière dans le premier milliard d'année de la vie de la Galaxie (l'évolution ultérieure de ce rapport dépend du rapport SNII/SNI).

Malgré cela, son abondance est un sujet très discuté. En effet, selon les systèmes de raies utilisés, les résultats différent assez sensiblement. Par exemple Israelian et al. (1998, 2001), en mesurant les raies de la molécule OH dans l'UV et le triplet de OI et Boesgaard et al. (1999), en mesurant les raies UV de OH, trouvent que le rapport [O/Fe] augmente fortement quand la métallicité décroît, alors que Sneden et Primas (2001), Cayrel et al. (2001) et Nissen et al. (2001), qui utilisent la raie interdite à $630,031$nm trouvent que ce rapport est constant. Il a été montré que le meilleur indicateur de l'abondance de l'oxygène est la raie interdite à $630,031$ nm, car cette raie est insensible aux écarts à l'ETL (Nissen et al., 2001; Kraft, 2001; Kiselman, 2001; Nissen et Edvardsson, 1992)

Dans notre échantillon, j'ai mesuré l'abondance de l'oxygène, en n'utilisant que la raie de transition interdite à $630,031$ nm. Notons qu'il n'a pas été possible de mesurer cette raie dans toutes les étoiles de notre échantillon. Tout d'abord, cette raie est souvent très faible et n'est pas normalement pas visible dans les étoiles de notre échantillon quand leur métallicité est inférieure à $-3,5$. (L'étoile CS 22949–037, dont la métallicité est de $-3,97$ et qui présente une surabondance en oxygène de $2,0$ dex est une exception notable (voir Depagne et al. (2002))).

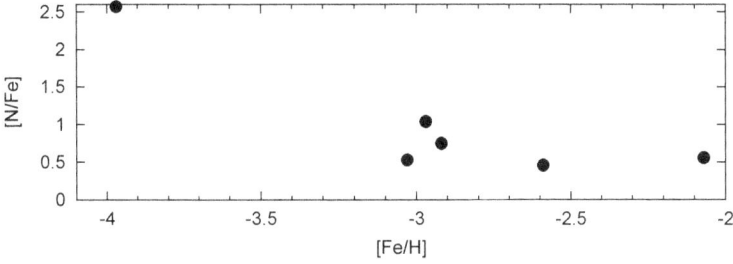

FIG. 4.4 – Mesure de l'abondance de l'azote dans notre échantillon de géantes.

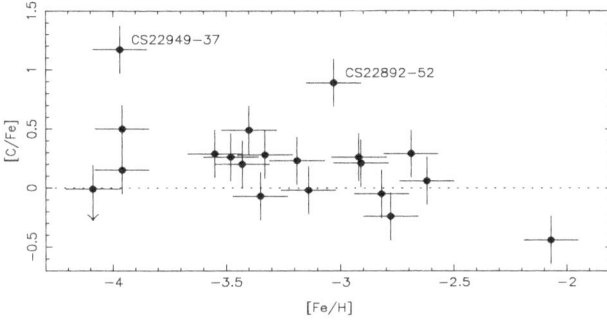

FIG. 4.5 – Évolution de l'abondance du carbone en fonction de la température. L'étoile la plus déficiente n'a qu'une limite supérieurs en carbone.

Par ailleurs, la raie à $630, 031$ nm se trouve au milieu d'une bande tellurique de O_2 et d'H_2O et selon la vitesse radiale géocentrique de l'étoile au moment de l'observation, la raie de l'oxygène peut être trop sévèrement mélangée avec ces raies telluriques pour qu'une mesure précise soit possible.

La raie interdite de l'oxygène, insensible aux effets dus aux écarts à l'ETL, semble toutefois être sensible aux effets de convection dans l'atmosphère de l'étoile (granulation). Il faut aussi noter que d'après une étude récente (Allende Prieto et al., 2001), la raie d'oxygène est mélangée à une faible raie de Ni I. En utilisant un modèle hydrodynamique 3D simulant la granulation solaire, une nouvelle détermination très précise de la force d'oscillateur, d'après les calculs de Galavis et al. (1997) et de Storey et Zeippen (2000) : $\log gf = 9, 72$, et en tenant compte du mélange avec la raie de nickel, ils ont obtenu une nouvelle détermination de l'abondance solaire de l'oxygène et trouvent $\log \varepsilon(O)_\odot = 8, 69$.

Nous avons adopté ces deux valeurs pour nos calculs.

Nissen et al. (2002) ont montré que dans des naines et sous-géantes la correction du rapport [O/Fe] à apporter à des modèles « 1D » est $\Delta[O/Fe] \approx 0, 11$ [Fe/H] et dans l'intervalle de métallicité $[0; -2, 4]$. Le calcul n'a pas encore été fait pour des étoiles géantes comme celles de notre échantillon, mais en première approximation j'ai appliqué la correction calculée pour les sous-géantes à notre échantillon d'étoiles. En effet, ces calculs ont été effectués avec un code 3D d'Asplund. il se trouve qu'il ne peut être appliqué à des étoiles géantes (à cause de problèmes de convergence numérique). Les programmes développés par Steffen pourraient convenir ; des essais sont en cours dans l'équipe.

Les mesures semblent indiquer que la surabondance de l'oxygène par rapport au fer s'établit autour de la valeur de +0, 45 dex, compte tenu de la correction due au calcul de modèles d'atmosphères 1D au lieu de modèles 3D.

Les figures 4.6 et 4.7 montrent la variation de [O/Fe] en fonction de [Fe/H] sans et avec les corrections 1D-3D.

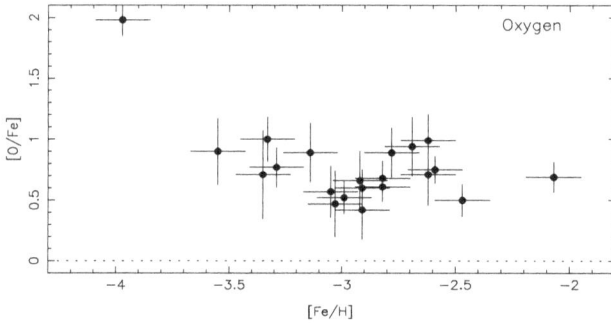

FIG. 4.6 – Mesure de l'abondance de l'oxygène dans notre échantillon de géantes sans corrections 3D dans les modèles.

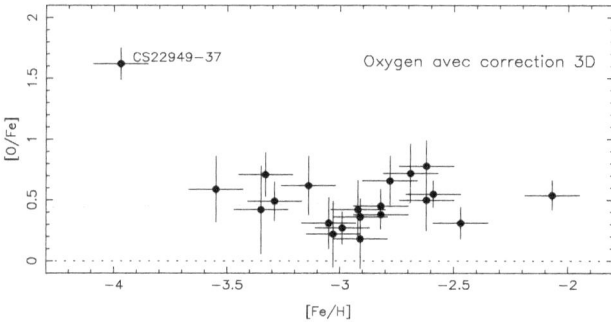

FIG. 4.7 – Évolution de l'abondance de l'oxygène en fonction de la métallicité avec les correction 3D dans les modèles. L'abondance de CS 22949–037 est discutée à la section 4.6 page 58.

Selon la figure 4.7, le rapport [O/Fe] semble constant dans l'intervalle $-3, 7 <$[Fe/H]$< -2, 5$, mais on ne peut exclure une légère croissance quand la métallicité décroît,

Magnésium

Toutes les études signalent que le magnésium est surabondant par rapport au fer et que cette surabondance varie peu avec la métallicité entre [Fe/H]= $-2,0$ et [Fe/H]= $-4,0$, en bon accord avec nos résultats (voir la figure 4.8). Une étoile se singularise par sa très forte surabondance en magnésium : CS 22949–037 (cf la section 4.6 page 58). Dans son étude, Johnson (2002) avait noté qu'un quart (4 sur 14) des étoiles de son échantillon semblait présenter des abondances en magnésium faibles par rapport au reste de son échantillon.

On constate que cet écart ne semble pas se confirmer, comme le montre la figure 4.8. [Mg/Fe] vaut $\approx 0,3$ dans l'intervalle $-4,0 <$[Fe/H]$< -2,5$. L'abondance de Mg dans l'étoile CS 22949–037 est très anormale (cf section 4.6 page 58).

Notons que Johnson (2002), dans l'intervalle $-3,0 <$[Fe/H]$-1,5$ trouve [Mg/Fe] $\approx +0,6$. Le magnésium est le seul élément qui présente un tel désaccord.

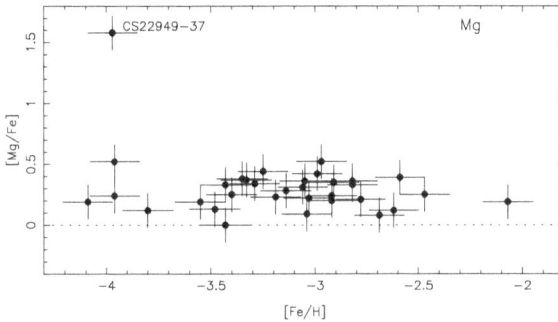

FIG. 4.8 – Mesure du magnésium dans notre échantillon d'étoiles géantes.

La première explication est que les modèles que nous avons choisis ne sont pas identiques. Johnson (2002) a en effet procédé d'une autre manière pour choisir les modèles de ses étoiles. Nous avons 3 étoiles en commun : HD 122563, HD 186478 et BD -18 5550. On constate que pour ces trois étoiles, les modèles choisis par Johnson sont à la fois plus froids et avec une gravité plus faible. J'ai fait les calculs en détail pour une étoile : HD122563, pour trouver quel était l'effet du modèle sur les abondances. Sa détermination de la surabondance de magnésium par rapport au fer est de $+0,70$, la nôtre montre un écart de $0,34$ dex. En prenant son modèle avec nos largeurs équivalentes (on a vu au paragraphe 2.2.3 page 16 que nos mesures et les siennes sont tout à fait compatibles), l'écart n'est que de $0,10$ dex.

Il reste à trouver une explication pour les $0,24$ dex restants. Tout d'abord, Johnson (2002) n'a pas utilisé les mêmes raies que nous lors de sa détermination de l'abondance. Après vérification et calcul de l'abondance en utilisant les mêmes raies, l'écart persiste. Il est probablement dû à une différence de $\log gf$. Comme le fait remarquer Carretta et al. (2002), les $\log gf$ du Mg I sont assez mal connus, et varient fortement d'un auteur à l'autre. Ainsi les $\log gf$ pris chez Kurucz sont en assez bon accord avec les mesures de l'«Opacity Project Group» pour le triplet du magnésium, mais sont plus faibles de $0,2$ à $0,3$ dex pour les autres raies. Nous avons utilisé les $\log gf$ de la liste NIST2 (voir la table F page 139). Notons que la surabondance moyenne du magnésium que j'ai trouvée, [Mg/Fe]= $+0,3$ dex est en bon accord avec les mesures de McWilliam et al. (1995a) qui mesurent [Mg/Fe]= $+0,4$.

Silicium

L'abondance de silicium n'a pas été considérée comme significative par MW95, N96 et C02, pour cause de trop grande incertitude dans les mesures. J02 a trouvé qu'il était surabondant et que cette surabondance croissait pour les métallicités les plus faibles (mais les étoiles de son échantillon sont beaucoup moins déficientes que celles des trois autres auteurs).

Pour déterminer l'abondance du silicium, je me suis servi de la raie à $410,294$ nm. La raie à $390,552$ est plus intense, mais elle est sévèrement mélangée avec une bande de CH. La raie à $410,294$ est plus faible, assez isolée, mais elle se trouve dans l'aile rouge de la raie H_δ. Par synthèse spectrale, j'ai pu tenir compte exactement des ailes de la raie H_δ. La figure 4.9 montre cette synthèse et la comparaison au spectre observé.

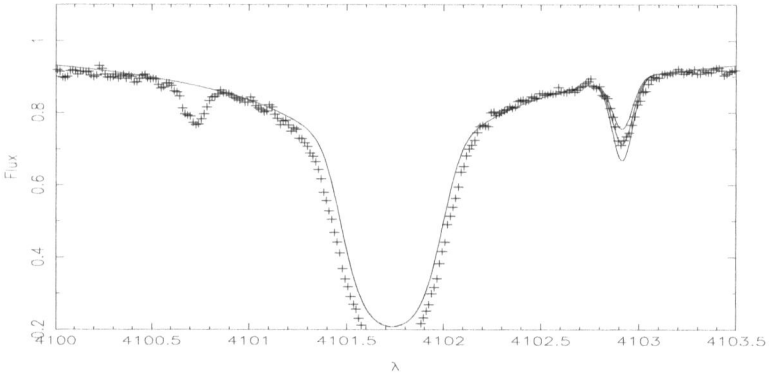

FIG. 4.9 – Mesure de l'abondance du silicium par synthèse spectrale. La raie à $410,107$ est la raie H_δ, dont les ailes perturbent la mesure de la largeur équivalente de la raie de silicium à $410,294$. Le spectre observé est représenté par les croix. En trait plein sont présentées trois synthèses spectrales. L'étoile observée est CS $22897 - 008$. Le désaccord au centre de la raie H_δ est dû en particulier aux effets non ETL, mais les ailes de cette raies sont bien représentées.

Après avoir déterminé l'abondance de silicium à partir de la raie à $410,1$ nm, j'ai vérifié, par une autre synthèse spectrale en tenant compte de la bande de CH, que cette abondance était compatible avec la raie à $390,552$ nm.

La figure 4.10 page suivante montre la variation du rapport [Si/Fe] en fonction de [Fe/H] dans notre échantillon. Le rapport [Si/Fe] entre les métallicités $-2,5$ et $-3,5$ ne s'écarte pas significativement de la valeur $+0,35$.

Calcium

Le calcium est trouvé surabondant par rapport au fer par les quatre études. À part MW95, qui trouvent que [Ca/Fe] croît vers les faibles métallicités, aucune évolution avec la métallicité n'apparaît dans les trois autres publications.

La figure 4.11 page ci-contre montre la variation de [Ca/Fe] en fonction de [Fe/H] dans notre échantillon. Le calcium est surabondant par rapport au fer d'environ $0,4$ dex, et ce, quelle que soit la métallicité de l'étoile entre $-2,5$ et $-4,1$. Pour calculer la droite de régression qui

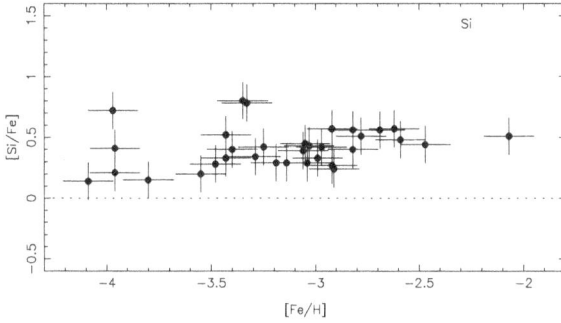

FIG. 4.10 – Mesure de l'abondance du silicium dans notre échantillon de géantes. Les mesures ont été faites par synthèse spectrale sur la raie à $410, 107$ avec vérification par la raie à $390, 052$.

passe au mieux au milieu des points, je n'ai pas tenu compte de CS 22949–037 (Depagne et al., 2002) qui est une étoile très particulière. Cette étoile faisait partie de l'échantillon de McWilliam et al. (1995a), ce qui explique en partie la forte surabondance de calcium qu'il trouvait pour $[\text{Fe/H}] \approx -4, 0$. Dans les autres étoiles très déficientes de son échantillon, les raies de Ca étaient faibles, ce qui, à faible rapport signal sur bruit, conduit en général à un surestimations des largeurs équivalentes, et donc à une surestimation de l'abondance.

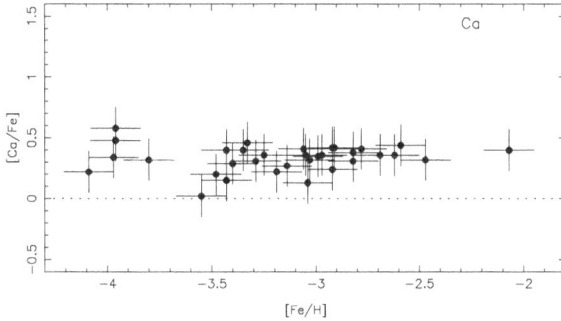

FIG. 4.11 – Mesure de l'abondance du calcium dans notre échantillon de géantes.

Titane

L'abondance du titane figure dans les quatre publications. Dans toutes, on trouve une surabondance par rapport au fer, et pas d'évolution avec la métallicité.

Il est possible de mesurer dans nos étoiles à la fois du titane neutre et du titane ionisé. L'abondance calculée est donc une «moyenne» entre la valeur donnée par le TiI et celle donnée par le TiII. Ces abondances sont en général en bon accord. La figure 4.12 page suivante montre la mesure de l'abondance du titane dans l'échantillon observé. Son comportement ressemble à celui des éléments α. En effet, comme pour les éléments α, on le trouve légèrement surabondant par rapport au fer (de environ $0, 25$ dex) avec une faible dispersion. Remarquons que l'étoile CS22169–35 présente une déficience en titane par rapport au reste de l'échantillon : le rapport [Ti/Fe] vaut $-0, 07$, voir figure 4.12). Cette étoile est caractérisée par un faible rapport [Mg/Fe] ($+0, 09$) et un faible rapport [Ca/Fe] ($+0, 13$). Malheureusement, l'oxygène n'était pas mesurable dans le spectre de cette étoile car sa vitesse radiale géocentrique était trop faible.

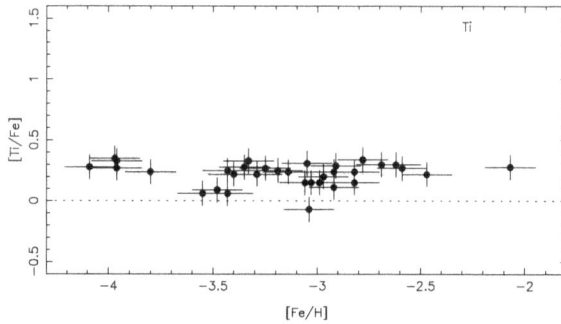

FIG. 4.12 – Mesure de l'abondance du titane dans notre échantillon de géantes. L'étoile CS22169–35 (pour laquelle [Fe/H]= $-3, 04$ et [Ti/Fe]= $-0, 05$) a également des rapports [Mg/Fe] et [Ca/Fe] faibles.

4.3.3 Métaux légers impairs : sodium, aluminium, potassium et scandium

Le sodium, l'aluminium et le potassium ont en commun d'être, dans les étoiles très déficientes en métaux, représentés uniquement par des raies de résonance qui sont très sensibles aux écarts à l'ETL.

Ces écarts à l'ETL dépendent de la température, de la gravité et de la métallicité de l'étoile. Mais comme nos étoiles ont des paramètres très voisins, on peut, pour chaque élément, en première approximation, admettre une même correction pour tout l'échantillon d'étoiles.

Abondance du sodium

MW95 et J02 sont les seuls à avoir mesuré l'abondance du sodium dans un grand échantillon d'étoiles déficientes. Sans tenir compte des écarts à l'ETL, ils trouvent le sodium légèrement surabondant par rapport au fer, dans l'intervalle de métallicité $[-3, 0; -2, 0]$, suivi d'une décroissance du rapport [Na/Fe] à plus faible métallicité.

Lorsque l'on calcule en supposant l'ETL, l'abondance du sodium, on surestime celle-ci. Il faut donc corriger les valeurs dans les tables page 80 à page 87. Baumüller et al. (1998) ont calculé cette correction pour des naines et des sous-géantes. Ils ont trouve que cette correction atteignait $-0, 5$ dex. Dans la figure 4.13 page suivante l'abondance du sodium a été corrigée de cet effet. On constate que dans l'intervalle $-4, 0$ <[Fe/H]< $-2, 5$, le rapport [Na/Fe] décroît lorsque [Fe/H] décroît, et que la dispersion autour de la droite moyenne est grande. (La dispersion des points autour des droites de régression sera discutée à la section 4.4 page 54.)

Notons que dans quelques étoiles les raies du sodium n'ont pu être mesurées car elles étaient sévèrement mélangées avec des raies de sodium interstellaire.

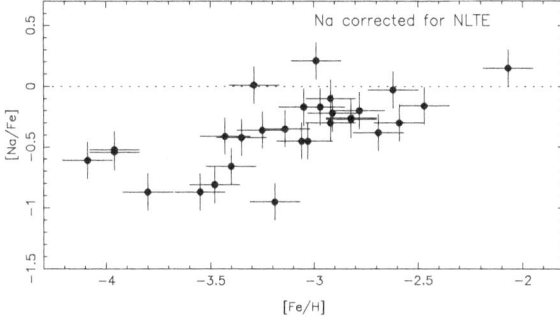

FIG. 4.13 – Mesure de l'abondance du sodium dans notre échantillon d'étoiles géantes.

Abondance de l'aluminium

MW95 trouve que le rapport [Al/Fe] décroît fortement avec la métallicité, valant $+0, 2$ à [Fe/H]$= -2, 5$ à -1 pour [Fe/H]$= -4, 0$, alors que les trois autres études ne trouvent pas d'évolution de la surabondance de l'aluminium avec la métallicité.

La mesure de l'abondance de l'aluminium a été faite sur le doublet de résonance à $394, 400$ et $396, 152$ nm. L'une de ces raies est mélangée avec une raie du CH. Pour traiter correctement cette raie, la mesure de sa largeur équivalente a été faite par synthèse spectrale.

L'abondance de l'aluminium est sous-estimée lorsqu'elle est calculée en supposant que l'ETL est réalisé (Baumüller et Gehren, 1997). On peut estimer la correction à environ $+0, 65$ dex (Norris et al., 2001; Carretta et al., 2002). Les calculs de Baumüller et Gehren (1997) concernent des modèles d'étoiles naines et sous-géantes. Toutefois, Ryan et al. (1996) n'observent pas de différence, à faible métallicité, entre les rapports [Al/Fe] dans les naines et les géantes, ce qui indique que les effets dus à des écarts à l'ETL doivent être analogues dans ces deux types d'étoiles (Johnson, 2002). Après cette correction, l'abondance de l'aluminium semble constante, quelle que soit la métallicité et le rapport [Al/Fe] vaut $\approx 0, 0$. Ici encore, la dispersion est forte.

Abondance du potassium

Notre étude est la première étude systématique de la variation du potassium dans les étoiles du halo. Le potassium n'a été mesuré ni par MW95, ni par J02, ni par C02 ni R96.

La mesure de l'abondance du potassium a été faite en utilisant le doublet de résonance infrarouge à $766, 491$ et $769, 897$ nm. Ces raies sont elles aussi sensibles aux écarts à l'ETL. Ivanova et Shimanskiï (2000) ont calculé la correction de NETL pour ces raies. Ils ont trouvé que pour des températures comprises entre 4500 et 5000 K et des gravités comprises entre $\log g = 0, 5$ et $1, 5$ la correction a appliquer est de $-0, 35$ dex. Après correction, la surabondance de potassium dans nos étoiles est proche de $\approx 0, 15$ dex (figure 4.15 page suivante). On observe une faible diminution du rapport [K/Fe] lorsque la métallicité déçoit. Cette diminution n'est

49

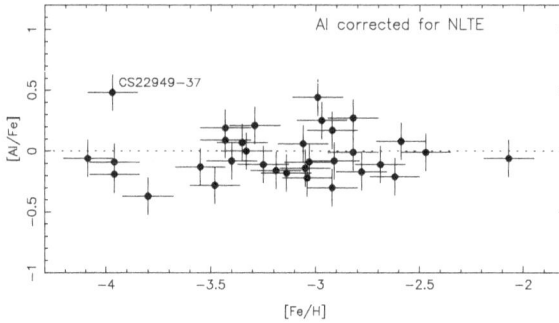

FIG. 4.14 – Mesure de l'aluminium dans notre échantillon d'étoiles géantes.

pas très significative. La dispersion autour de la droite de régression est faible, contrairement à ce qu'il se passe pour le sodium et l'aluminium.

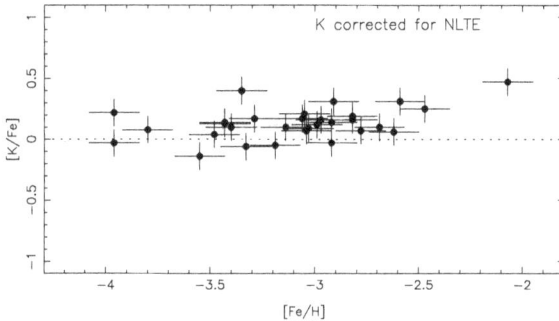

FIG. 4.15 – Mesures de l'abondance du potassium dans notre échantillon de géantes.

Abondance du scandium

Le rapport [Sc/Fe], mesuré dans les quatre études précédentes, est trouvé constant et légèrement surabondant chez J02.

La figure 4.16 page ci-contre montre les mesures des abondances du scandium dans notre échantillon. On constate que l'abondance relative du scandium par rapport au fer est solaire, quelle que soit la métallicité. Autrement dit, le scandium et le fer sont produits au début de la vie de la Galaxie dans une proportion voisine de celle des abondances solaires. La dispersion que l'on peut calculer autour de cette métallicité est assez faible (voir la section 4.4 page 54).

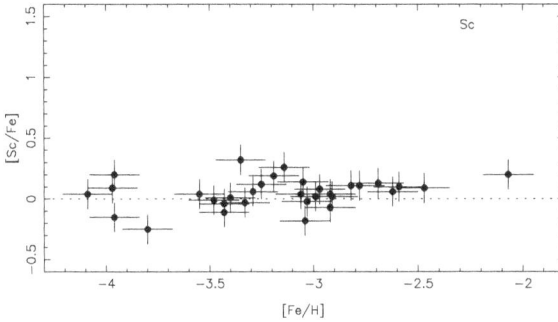

FIG. 4.16 – Mesures de l'abondance du scandium dans notre échantillon de géantes.

4.3.4 Éléments du pic du fer

Abondance du chrome

Le chrome est mesuré dans les quatre études précédentes. Toutes montrent qu'il est déficient par rapport au fer, et que sa déficience augmente vers les métallicités les plus faibles.

La figure 4.17 montre la variation de cette abondance dans nos étoiles. Le rapport [Cr/Fe] décroît avec la métallicité et on constate que la dispersion du rapport [Cr/Fe] autour de la relation moyenne est extrêmement faible (voir la section 4.4 page 54). Le chrome est un élément qui se forme dans des conditions proches de celles qui permettent au fer de se former (Chieffi et Limongi, 2002 ; Umeda et Nomoto, 2002) ce qui explique probablement cette faible dispersion.

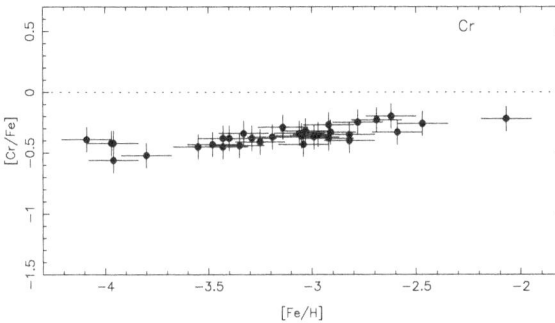

FIG. 4.17 – Mesure de l'abondance du chrome dans notre échantillon de géantes.

Abondance du manganèse

Le rapport [Mn/Fe] décroît quand la métallicité décroît chez MW95, N96 et C02, alors que J02 trouve que son abondance ne varie pas avec la métallicité, mais J02 n'a étudié que des étoiles dont la métallicité est supérieurs à $-3, 0$.

La mesure du manganèse est présentée à la figure 4.18. Dans nos étoiles, le rapport [Mn/Fe] décroît avec la métallicité, et la dispersion augmente quand la métallicité décroît. On peut définir deux régimes dans ces mesures : pour [Fe/H]$> -3, 0$, le rapport [Mn/Fe] est constant et vaut environ $-0, 2$ dex (voir Johnson (2002)). À plus faible métallicité, [Mn/Fe] décroît avec [Fe/H] et la dispersion autour de la droite moyenne augmente fortement.

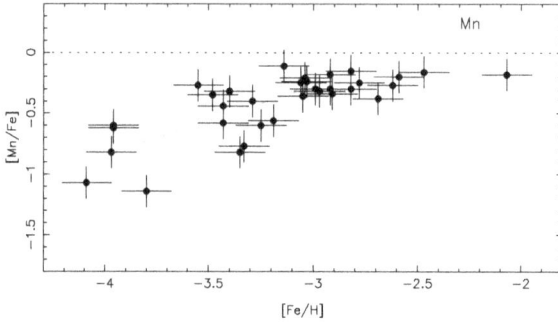

FIG. 4.18 – Mesure de l'abondance du manganèse dans notre échantillon de géantes.

Abondance du cobalt

Le cobalt n'a pas été mesuré dans C02. Les trois autres études trouvent que le cobalt est surabondant, et cette surabondance diminue quand la métallicité augmente.

La figure 4.19 page suivante montre la variation de l'abondance du cobalt en fonction de la métallicité. On constate que la surabondance du cobalt par rapport au fer augmente quand la métallicité diminue. Le cobalt reste surabondant de $0, 3$ dex pour les métallicités les plus grandes de notre échantillon. La pente est significative, à peu près symétrique de la pente observée pour le chrome, mais avec une dispersion plus forte. Remarquons que l'étoile CS22169–35, pauvre en éléments α, Mg, Ti, Ca, est également pauvre en cobalt.

Abondance du nickel

Le rapport [Ni/Fe], mesuré par MW95, J02 et R96, montre la même évolution, à savoir une légère décroissance de la surabondance avec les métallicités croissantes.

Le nickel est un autre élément du pic du fer. Nous avons mesuré son abondance dans toutes les étoiles de notre échantillon, et la figure 4.20 page ci-contre présente ces mesures. L'abondance que nous mesurons semble montrer une faible variation avec la métallicité, et le rapport [Ni/Fe] reste proche de la valeur solaire, ce qui est en accord avec ce que trouvent MW95, J02 et R96.

Abondance du zinc

Nous avons pu pour la première fois mesurer l'abondance du zinc dans un échantillon d'étoiles très déficientes jusqu'à une métallicité [Fe/H]$= -4$. L'échantillon est suffisant ainsi

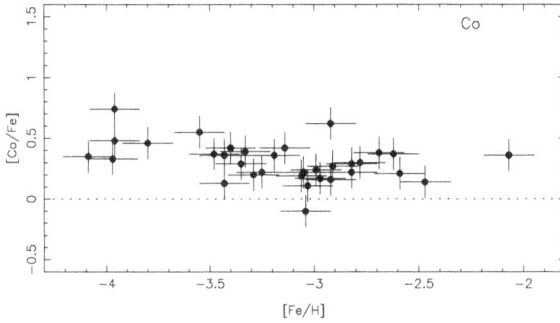

FIG. 4.19 – Mesure de l'abondance du cobalt dans notre échantillon de géantes. Notons que l'étoile CS22169–35 ([Fe/H]= $-3,04$), qui est pauvre en Mg, Ca et Ti est également pauvre en Co : [Co/Fe]= $-0,10$.

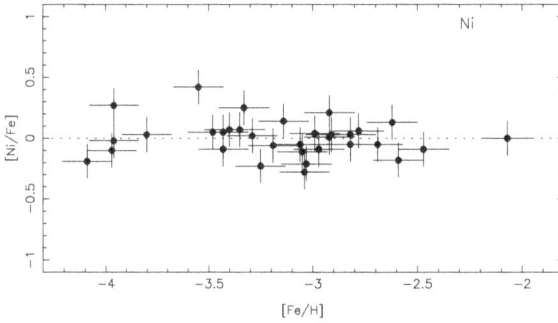

FIG. 4.20 – Mesure de l'abondance du nickel dans notre échantillon de géantes.

que la précision des mesures pour montrer clairement que le rapport [Zn/Fe] augmente lorsque la métallicité décroît (voir figure 4.21 page suivante) : depuis environ $+0,2$ dex quand la métallicité vaut $-2,5$ à $+0,5$ dex quand [Fe/H] $= -4,0$, et la dispersion autour de la droite de régression est faible.

La relation entre l'abondance du zinc et [Fe/H] est une donnée essentielle pour l'étude des DLAs («damped Ly-α systems») qui sont des précurseurs de galaxies ou des galaxies à un stade très jeune de leur évolution nucléaire. En général on trouve dans ces objets des rapports [Zn/Fe] et [Zn/Cr]> 0 et on interprète cette surabondance du zinc par le fait que le fer et le chrome (contrairement au zinc) se condensent très facilement en poussière. C'est donc l'abondance du zinc qui est utilisée pour estimer la métallicité de ces objets. Mais ce travail peut suggérer que cette surabondance du zinc est un effet intrinsèque et qu'en conséquence les DLA auraient une métallicité moyenne plus faible que ce qui est normalement évalué.

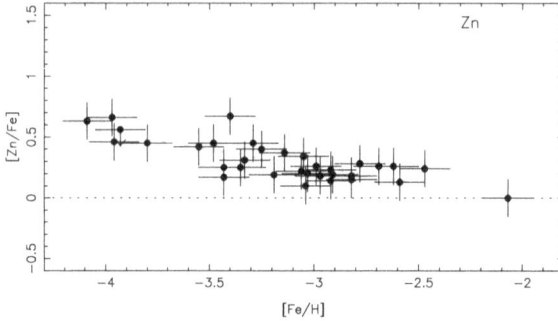

FIG. 4.21 – Mesure de l'abondance du zinc dans notre échantillon de géantes.

4.4 Étude de la dispersion

Si l'on suppose que dès l'origine de la Galaxie, un mélange très efficace a eu lieu, alors, à une époque donnée correspond une seule composition chimique du gaz, et on ne devrait observer aucune autre dispersion que celle qui résulte des seules erreurs de mesure.

La même uniformité des rapports [M/Fe] pourrait être observée si toutes les SNII éjectaient les mêmes abondances relatives de tous les éléments, mais tous les calculs de supernovæ prédisent que les éjecta dépendent fortement de la masse de la supernova. Par ailleurs, une telle hypothèse aurait pour conséquence que tous les rapports [M/Fe] seraient indépendants de [Fe/H]. On peut faire l'hypothèse que le mélange du gaz n'est pas efficace, mais que le rapport [Fe/H] dans la bulle de gaz enrichie est fonction de la masse de la supernova, comme le sont les rapports [M/Fe]. C'est l'hypothèse retenue par Umeda et Nomoto (2002) qui font dépendre le rapport [Fe/H] de l'énergie de l'explosion de la supernova, laquelle énergie dépend à son tour de la masse de l'étoile.

Dans cette partie nous allons donc nous intéresser à la dispersion des points autour de la droite moyenne qui représente la variation des rapports [M/Fe], en fonction de [Fe/H] (ou M est un élément compris entre le carbone et le zinc : figures 4.1 à 4.21). Le problème est de savoir si cette dispersion est le résultat des seules erreurs de mesure ou s'il faut ajouter une dispersion «cosmique» des abondances dans la matière galactique à l'époque où nos étoiles se sont formées.

Pour comparer la dispersion calculée autour de la droite de régression (voir table 4.4 page 57)à la dispersion des erreurs il ne faut pas inclure dans l'erreur sur l'abondance les causes d'erreurs systématiques qui ne font que décaler simplement l'ensemble des points vers le haut ou vers le bas. Ces erreurs n'ont aucune influence sur la dispersion autour de la droite moyenne.

Pour le calcul de la «réalité de la dispersion cosmique des points» il nous faut par conséquent isoler la partie de l'erreur uniquement due aux erreurs aléatoires qui sont majoritairement causées par :
- les erreurs de mesure des largeurs équivalentes (voir section 2.2 page 13) ;
- les erreurs aléatoires sur la détermination de T_{eff}.

L'erreur sur la mesure des largeurs équivalentes n'a pas de raison de beaucoup changer d'une étoile à l'autre (sauf cas particulier, tel que l'oxygène qui n'est représenté que par une seule raie très faible). Nous avons estimé que l'erreur sur l'abondance entraînée par l'erreur sur la mesure des largeurs équivalentes peut être, en première approximation, estimée entre $0,04$ et $0,06$ dex. Pour le sodium dont l'abondance est déterminée par deux raies très fortes nous avons admis que $\sigma_{mes} = 0,10$ dex.

À cette erreur, il faut ajouter l'erreur aléatoire induite par l'incertitude sur la photométrie (en fait, l'erreur est sur T_{eff}) de l'étoile. C'est cette somme «σ mesures» qui est donnée en colonne 6 de la table 4.4 page 57.

Dans les colonnes $3, 4$ et 5 du tableau 4.4 page 57, on donne la dispersion de la droite de régression (figures 4.8 à 4.21 page ci-contre) calculée sur l'ensemble de l'échantillon, puis dans les intervalles $[-4, 1; -3.1]$ et $[-3, 1; -2, 1]$. Si l'on appelle σ' la dispersion cosmique, alors on a la relation $\sigma_{reg}^2 = \sigma_{mesures}^2 + \sigma'^2$

Notons que pour les calculs de dispersion, nous avons systématiquement éliminé l'étoile très particulière CS 22949–037 (voir section 4.6 page 58).

Si au début de la vie de la Galaxie, la matière était homogène, comme le supposent en général les modèles d'évolution de la Galaxie, on s'attendrait à trouver une dispersion des points autour de la droite moyenne, au plus égale au «σ mesures» du tableau 4.4. Or, comme on peut le constater dans le tableau 4.4, la dispersion est plus grande que les erreurs de mesures pour la majorité des éléments que nous avons étudiés, au moins pour les métallicités inférieures à $-3, 0$.

On peut noter tout d'abord que la dispersion totale des éléments pairs est nettement inférieure à celles des éléments impairs ($0, 11$ dex en moyenne contre $0, 17$). Cela s'explique par le fait que les éléments impairs étant sensibles à l'excès de neutron, leur abondance finale est sensible aux conditions qui règnent dans l'étoile au moment où ils sont produits. Une faible variations de ces condition va donc avoir comme conséquence de faire varier la quantité produite de ces éléments.

Dans presque tous les cas, on constate que la dispersion autour de la droite de régression augmente brusquement lorsque la métallicité devient plus faible que $[\text{Fe/H}] \approx -3, 0$.

Quelques exceptions sont toutefois intéressantes. Tout d'abord, trois éléments montrent une dispersion indépendante de la métallicité :
- le chrome pour lequel, la dispersion reste pratiquement constante avec la métallicité et est égale à ce qui est attendu des erreurs de mesures ;
- le magnésium dont la dispersion est également compatible avec les seules erreurs de mesures pour toutes les métallicités étudiées ;
- le titane, dont la dispersion autour de la droite de régression est constante, mais ne semble pas être seulement explicable par les erreurs de mesures. Notons que l'étoile ayant un rapport [Ti/Fe] négatif (voir figure 4.12 page 48) est CS22169–35, qui présente aussi de faibles valeurs de [Mg/Fe] et [Ca/Fe].

Pour deux éléments, la dispersion décroît même avec la métallicité :
- l'aluminium. Notons que dans la figure 4.14 page 50, une des causes de la dispersion dans l'intervalle $-3, 1 < [\text{Fe/H}] < -2, 1$ est la richesse en aluminium de l'étoile CS22873–055 qui est aussi riche en sodium. Dans l'intervalle de métallicité $[-4, 1; -3, 1]$, l'étoile CS 22949–037 présente une forte surabondance de l'aluminium par rapport au fer. Dans l'intervalle $[-4, 1; -3, 1]$ l'étoiles CS 22949–037 (Depagne et al., 2002) présente une forte surabondance en aluminium. Elle n'a pas été prise en compte dans le calcul de la disper-

sion. Si on l'incluait, le σ_{reg} entre $[-4, 1$ et $-3, 1]$ serait égal à $0, 21$ et la dispersion serait constante dans tout l'intervalle de métallicité ;

- le cobalt. La plus grande dispersion du rapport [Co/Fe] dans le domaine $[-4, 1; -3, 1]$ s'explique par la position de CS22169–35 qui, pauvre en éléments α, s'avère être aussi pauvre en cobalt et par le fort rapport [Co/Fe] de BS17569-049 (voir figure 4.19 page 53). Cette étoile, dont la métallicité est $-2, 92$, ne présente pas d'autres anomalies dans notre étude. Par contre, comme nous le verrons dans un article à paraître, c'est une étoile riche en éléments lourds(Ba, Eu, etc.). Notons toutefois que les deux étoiles « riches en éléments lourds » CS31082–001 (Hill et al., 2002) et CS22892–052(Sneden et al., 2000) ne présentent aucune anomalie en cobalt.

Pour tous les autres éléments, la dispersion du rapport [M/Fe] croît lorsque la métallicité diminue.

Lorsque [Fe/H]$> -3, 1$, on constate que pour le silicium (figure 4.10 page 47), le calcium (figure 4.11 page 47), le scandium (figure 4.16 page 51), le manganèse (figure 4.18 page 52) et le zinc (figure 4.21 page 54), la dispersion observée n'est pas significativement différente de la dispersion attendue du seul fait des erreurs de mesures .

À plus faible métallicité, la dispersion est nettement supérieure à ce que l'on peut attendre des seules erreurs de mesures. La rupture est particulièrement visible pour le manganèse, comme le montre la figure 4.18 page 52.

Pour le sodium (voir figure 4.13 page 49), la dispersion est très forte dans toute la gamme de métallicité et cela implique une dispersion « cosmique » importante. Ici encore, l'étoile CS 22949–037 n'a pas été prise en compte dans le calcul de la dispersion. Si on l'incluait, la dispersion à faible métallicité augmenterait encore.

Les dispersions des rapports [K/Fe] et [Ni/Fe] croissent aussi quand les métallicités décroissent, mais elles semblent indiquer une légère dispersion cosmique, même lorsque la métallicité est supérieure à $-3, 1$.

McWilliam et al. (1995b) avait noté que pour une métallicité de $-2, 4$, la pente de la droite représentant la variation de l'abondance de trois éléments du pic du fer (le cobalt, le chrome et le manganèse) présente un brusque changement. Il interprétait cette brusque variation de la manière suivante : tant que la métallicité d'une étoile est inférieure à $-2, 4$, son atmosphère reflète l'enrichissement du milieu par un très petit nombre de supernovæ voire une seule (Audouze et Silk, 1995) . Par contre, pour des métallicités supérieure, l'enrichissement du milieu est la conséquence d'un plus grand nombre de supernovæ de différents types. Nous observons plutôt cette « rupture » (très visible dans la relation[Mn/Fe] en fonction de [Fe/H]) autour de $-3, 0$.

L'étude de la dispersion apporte des résultats surprenants. Par exemple, le rapport [Mg/Fe] observé est compatible avec une dispersion cosmique nulle, avec une valeur constante. Au vu des modèles de supernovæ existants, de tels résultats sembleraient indiquer l'existence, dès le début de l'évolution de la Galaxie, de mélanges efficaces, produisant des effets de moyenne sur un grand nombre de supernovæ : cet effet de moyenne stabiliserait la valeur du rapport et diminuerait la dispersion (Carretta et al., 2002).

Cependant, d'autres éléments présentent une dispersion notable. Par exemple, le manganèse présente une forte dispersion (déjà notée par Carretta et al. (2002). Ce fait semble exclure cet effet de moyenne. De plus, la dispersion augmente quand le métallicité diminue (voir fi-

Numéro atomique Z	Élément	[Fe/H] $-4,1$ $-2,0$ σ_{reg}	[Fe/H] $-4,1$ $-3,1$ $\sigma_{\text{reg}}1$	[Fe/H] $-3,1$ $-2,1$ $\sigma_{\text{reg}}2$	σ_{mes}	Droite de régression			
						a	δ a	b	δ b
11	Na	0,22	0.27	0.18	0.10	0,410	0,008	1,420	0,082
12	Mg	0,13	0.14	0.12	0.13	-0,008	0,003	0,246	0,026
13	Al	0,18	0.16	0.21	0.09	0.073	0.005	-0.651	0.053
14	Si	0,14	0.19	0.10	0.10	0.126	0.003	0.806	0.032
19	K	0,12	0.14	0.09	0.06	0.138	0.003	0.908	0.027
20	Ca	0,11	0.14	0.08	0.09	0.025	0.002	0.411	0.018
21	Sc	0,12	0.15	0.08	0.06	0.076	0.002	0.291	0.020
22	Ti	0,09	0.09	0.10	0.05	-0.008	0.001	0.198	0.014
24	Cr	0,05	0.05	0.05	0.05	0.136	0.0004	0.065	0.004
25	Mn	–	0.23	–	0.06	0.567	0.021	1.423	0.245
25	Mn	–	–	0.07	0.06	-0.107	0.004	0.035	0.037
27	Co	0,15	0.13	0.16	0.07	-0.133	0.003	-0.111	0.033
28	Ni	0,12	0.14	0.11	0.07	-0.035	0.002	-0.126	0.022
30	Zn	0,10	0.13	0.08	0.06	-0.275	0.002	-0.568	0.018

TAB. 4.2 – Tableau récapitulatif des dispersions. Dans la première colonne sont présentés les numéros atomiques des éléments de la deuxième colonne. Les colonnes trois, quatre et cinq présentent les dispersions des abondances pour trois intervalles de métallicités différents : tout d'abord en prenant tout notre échantillon, ensuite, en ne prenant que les étoiles dont la métallicité est inférieurs à $-3,1$ puis en ne prenant que celles dont la métallicité est supérieurs à $-3,1$. Pour le manganèse, j'ai séparé les métallicité en deux groupes : celles inférieures à $-3,0$, et celles supérieures à $-3,0$. La cinquième colonne présente la dispersion telle qu'on peut l'estimer. Les quatre dernières colonnes présentent les paramètres des droites de régression calculées pour les éléments.

gure 4.18 page 52, suggérant que l'effet de moyenne tend a disparaître aux faibles métallicités (Audouze et Silk, 1995). L'observation d'étoiles particulières comme CS22949–037 (Depagne et al., 2002; Aoki et al., 2002) va dans ce sens. Nous reviendrons plus loin sur ces indices contradictoires.

4.5   Distributions individuelles des abondances dans les étoiles

Les figures page 73 à 79 montrent les mesures d'abondances dans notre échantillon d'étoiles. Les étoiles sont classées par ordre de métallicité décroissante. Dans toutes ces figures, l'abscisse représente le numéro atomique et l'ordonnée, la quantité [M/Fe], c'est à dire l'abondance relative au fer de chaque élément. Pour chaque graphique en haut de page, j'ai placé le nom des éléments.

Pour chaque étoile, j'ai tracé, en fonction du numéro atomique l'abondance des éléments, en prenant pour référence le fer, l'ordonnée est donc [M/Fe]. Dans toutes les figures, son abondance est donc égale à 0. Sur ces courbes, j'ai relié entre eux les points correspondant aux abondances des éléments pairs. Les abondances du sodium, de l'aluminium et du potassium n'ont pas été corrigées des écarts à l'ETL.

On peut remarquer que dans toutes nos étoiles, les courbes sont assez similaires. Pour presque toutes, on constate que les abondances en magnésium (Z=12), en silicium (Z=14), en calcium (Z=20) et en titane (Z=22), sont très similaires. Ces 4 éléments sont toujours légèrement surabondants par rapport au fer

On remarque aussi une déficience du chrome (Z=27) et du manganèse (Z=25)pour toutes les étoiles. Pour les éléments plus lourds que le fer, les tendances sont moins nettes. Certaines étoiles présentent une surabondance, d'autres non.

Parmi toutes nos étoiles, une apparaît particulièrement étrange, et ne semblant pas correspondre aux schémas des abondances : CS 22949–37

4.6   Abondances des éléments dans l'étoile très déficiente CS 22949–037

CS 22947–037, découverte dans le relevé de Beers et al. (1985, 1992), est une des étoiles géantes du halo les plus déficientes connues. Plusieurs études (Norris et al., 2001; McWilliam et al., 1995a,b) avaient montré que cette étoile présente une composition chimique très inhabituelle. Notamment, un enrichissement exceptionnel des éléments α par rapport au fer. Par exemple, Norris et al. (2001) trouvait un [Mg/Fe] $= 1, 2$,[Si/Fe] $= +1, 0$, [Ca/Fe] $= +0, 45$ et des enrichissement encore plus grands pour le carbone et l'azote : [C/Fe] $= +1, 1$ et [N/Fe] $= +2, 7$ mais une composition chimique quasi-normale pour les éléments plus lourds que le silicium.

Ces abondances ne peuvent pas être expliquées classiquement par un mélange entre la surface de l'étoile et les couches plus profondes, dans lesquelles le cycle CNO a lieu. On s'attendrait alors certes à un renforcement de l'abondance de l'azote (au dépend du carbone) mais l'abondance de Mg, Si, Ca resterait inchangée.

Norris et al. (2001, 2002) étudient plusieurs scénarios pour expliquer cette distribution des abondances, et suggèrent que la matière ayant servi a former cette étoile a été enrichie par les ejecta de supernovæ supermassives (M> $250 M_\odot$) ayant une métallicité nulle car ces étoiles sont susceptibles de produire de grandes quantités d'azote primaire , en introduisant des quantités importantes de carbone (produit par fusion de l'hélium) dans la zone de fusion de l'hydrogène, ce qui permet de fabriquer de l'azote (par cycle CNO).

Mais, aucune de ces études n'avait mesuré l'abondance d'un élément clé : l'oxygene. Cet élément permet à la fois de déterminer avec plus de précision l'abondance du carbone et de l'azote, mais aussi de mieux choisir les progéniteurs à l'origine de la composition chimique des étoiles. Nous avons trouvé cet élément très surabondant : $[O/Fe] \approx +2, 0$.

Il est intéressant de noter que le modèle Z35Z de Woosley et Weaver (1995) prédit des rapports d'abondances très similaires. Ce modèle se caractérise par une énergie d'explosion faible et donc une retombée partielle des éléments synthétisés. Cette explosion éjecte surtout du C, O, Ne, Na, Mg, Al, et seulement de faibles quantités de Si et d'éléments plus lourds.

Nos mesures montrent que les supernovæ très massives que Norris et al. (2001, 2002) prennent en considération et qui permettent d'expliquer la forte abondance d'azote et de magnésium prédisent un effet «pair-impair» plus important que celui observé, et surtout, ces modèles prédisent que de faibles quantités de zinc sont éjectées, conduisant à un rapport d'abondance $[Zn/Fe]$ faible, ce que nos mesures contredisent : $[Zn/Fe] = +0, 7$ dans CS 22949–037 .

Le rapport $[Zn/Fe]$ élevé a conduit Umeda et Nomoto (2002) à imaginer un scénario faisant intervenir des étoiles dont la masse est voisine de $25 M_\odot$, et des énergies d'explosion comprises entre 10 et 30×10^{51} ergs.

Chieffi et Limongi (2002) ont tenté de reproduire les abondances des cinq étoiles de Norris et al. (2001), parmi lesquelles CS 22949–037 , en faisant varier les paramètres libres (énergie de l'explosion, masse du progéniteur) de l'explosion d'une supernova. Ils ont remarqué que si l'on exclut les éléments compris entre le carbone et le magnésium, cette étoile est très semblable aux quatre autres, et que le haut rapport $[Co/Fe]$ s'explique dans leurs calculs d'ejecta pour les étoiles riches en carbone.

Un modèle particulier de Heger et Woosley (2002), (Z35Z), montre un très bon accord avec nos mesures. Dans ce modèle, la retombée des éléments (ou «fallback») est plus importante que dans les modèles «normaux» et un mélange hydrodynamique se produit lors de l'explosion. Mis à part l'azote, non synthétisé par ce modèle, les prédictions sont bien vérifées par nos mesures (voir figure 4.22 page suivante). Dès 1995, Woosley et Weaver avaient signalé que la composition chimique des ejecta de supernovæ étaient sujets à une incertitude importante liée à l'énergie de l'explosion, potentiellement capable de n'éjecter qu'une partie des éléments synthétisés. Cette prédiction n'était étayée par aucune observation. Le cas de CS 22949–037 est particulierement intéressant de ce point de vue. Il est important de noter que la rotation du progéniteur de la supernova est sans doute un facteur important (Meynet et Maeder, 2002), ainsi que des mécanismes de mélange non standards, se produisant lorsque l'étoile est sur la branche des géantes rouges peuvent avoir modifié le rapport $^{12}C/^{13}C$, ainsi que le rapport $[C/N]$ dans l'étoile CS 22949–037 elle-même (Charbonnel, 1995).

En conclusion, il semble qu'une supernova de $30 M_\odot$ de très faible métallicité, soit suffisante pour expliquer la présence d'étoiles telle CS 22949–037 .

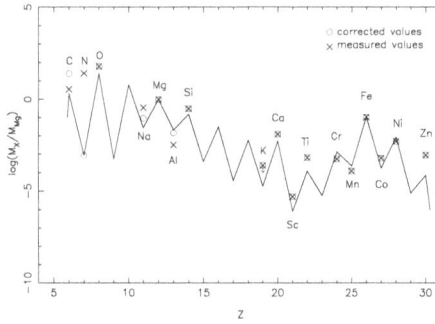

FIG. 4.22 – Rapport logarithmique des masses des éléments par rapport au magnésium. Comparaison des valeurs mesurées dans CS 22949–037 au valeurs prédites par Woosley et Weaver (1995) modifiées par Heger et Woosley (2002). Les mesures d'abondances sont corrigées d'effets hors-ETL (Na et Al) et de mélanges internes (C et N).

A&A 390, 187–198 (2002)
DOI: 10.1051/0004-6361:20020687
© ESO 2002

Astronomy
&
Astrophysics

First Stars
II. Elemental abundances in the extremely metal-poor star CS 22949–037*

A diagnostic of early massive supernovae

E. Depagne[1], V. Hill[1], M. Spite[1], F. Spite[1], B. Plez[2], T. C. Beers[3], B. Barbuy[4], R. Cayrel[1], J. Andersen[5], P. Bonifacio[6], P. François[1], B. Nordström[7,5], and F. Primas[8]

[1] Observatoire de Paris-Meudon, GEPI, 92195 Meudon Cedex, France
   e-mail: Vanessa.Hill@obspm.fr, Roger.Cayrel@obspm.fr
   e-mail: Monique.Spite@obspm.fr, Francois.Spite@obspm.fr, Patrick.Francois@obspm.fr
[2] GRAAL, Université de Montpellier II, 34095 Montpellier Cedex 05, France
   e-mail: Bertrand.Plez@graal.univ-montp2.fr
[3] Department of Physics & Astronomy, Michigan State University, East Lansing, MI 48824, USA
   e-mail: beers@pa.msu.edu
[4] IAG, Universidade de São Paulo, Departamento de Astronomia, CP 3386, 01060-970 São Paulo, Brazil
   e-mail: barbuy@astro.iag.usp.br
[5] Astronomical Observatory, NBIfAFG, Juliane Maries Vej 30, 2100 Copenhagen, Denmark
   e-mail: ja@astro.ku.dk
[6] Istituto Nazionale di Astrofisica – Osservatorio Astronomico di Trieste, Via G.B. Tiepolo 11, 34131 Trieste, Italy
   e-mail: bonifaci@ts.astro.it
[7] Lund Observatory, Box 43, 221 00 Lund, Sweden
   e-mail: birgitta@astro.lu.se
[8] European Southern Observatory (ESO), Karl-Schwarzschild-Str. 2, 85749 Garching b. München, Germany
   e-mail: fprimas@eso.org

Received 14 February 2002 / Accepted 3 May 2002

Abstract. CS 22949–037 is one of the most metal-poor giants known ([Fe/H] ≈ −4.0), and it exhibits large overabundances of carbon and nitrogen (Norris et al.). Using VLT-UVES spectra of unprecedented quality, regarding resolution and S/N ratio, covering a wide wavelength range (from $\lambda = 350$ to 900 nm), we have determined abundances for 21 elements in this star over a wide range of atomic mass. The major new discovery is an exceptionally large oxygen enhancement, [O/Fe] = 1.97 ± 0.1, as measured from the [O I] line at 630.0 nm. We find an enhancement of [N/Fe] of 2.56 ± 0.2, and a milder one of [C/Fe] = 1.17 ± 0.1, similar to those already reported in the literature. This implies $Z_\star = 0.01 Z_\odot$. We also find carbon isotopic ratios $^{12}C/^{13}C = 4 \pm 2.0$ and $^{13}C/^{14}N = 0.03^{+0.035}_{-0.015}$, close to the equilibrium value of the CN cycle. Lithium is not detected. Na is strongly enhanced ([Na/Fe] = +2.1 ± 0.2), while S and K are not detected. The silicon-burning elements Cr and Mn are underabundant, while Co and Zn are overabundant ([Zn/Fe] = +0.7). Zn is measured for the first time in such an extremely metal-poor star. The abundances of the neutron-capture elements Sr, Y, and Ba are strongly decreasing with the atomic number of the element: [Sr/Fe] ≈ +0.3, [Y/Fe] ≈ −0.1, and [Ba/Fe] ≈ −0.6. Among possible progenitors of CS 22949–037, we discuss the pair-instability supernovae. Such very massive objects indeed produce large amounts of oxygen, and have been found to be possible sources of primary nitrogen. However, the predicted odd/even effect is too large, and the predicted Zn abundance much too low. Other scenarios are also discussed. In particular, the yields of a recent model (Z35Z) from Heger and Woosley are shown to be in fair agreement with the observations. The only discrepant prediction is the very low abundance of nitrogen, possibly curable by taking into account other effects such as rotationally induced mixing. Alternatively, the absence of lithium in our star, and the values of the isotopic ratios $^{12}C/^{13}C$ and $^{13}C/^{14}N$ close to the equilibrium value of the CN cycle, suggest that the CNO abundances now observed might have been altered by nuclear processing in the star itself. A 30–40 $M_\odot$ supernova, with fallback, seems the most likely progenitor for CS 22949–037.

Key words. stars: fundamental parameters – stars: abundances – stars: individual: BPS CS 22949–037 – Galaxy: evolution

---

Send offprint requests to: E. Depagne,
e-mail: Eric.Depagne@obspm.fr
* Based on observations made with the ESO Very Large Telescope
at Paranal Observatory, Chile (programme ID 165.N-0276(A)).

61

1. Introduction

The element abundances in the most metal-poor stars provide the fossil record of the earliest nucleosynthesis events in the Galaxy, and hence allow the study of Galactic chemical evolution in its earliest phases. Moreover, such data can have *cosmological* implications: radioactive age determinations (Cowan et al. 1999; Cayrel et al. 2001) provide an independent lower limit to the age of the Universe, and the lithium abundance in metal-poor dwarfs is an important constraint on the baryonic content of the Universe (Spite & Spite 1982). The dispersion of the observed abundance ratios for a number of elements in extremely metal-poor (XMP) stars is very large, reflecting the yields of progenitors of different masses, and indicating that each star has been formed from material processed by a small number of supernova events – perhaps only one. Thus, the detailed chemical composition of XMP stars provides constraints on the properties of the very first supernovae (and hypernovae?) events in our Galaxy. Accordingly, the past decade has seen a rapidly growing interest in the detailed chemical composition of XMP stars.

BPS CS 22947–037, discovered in the HK survey of Beers et al. (1992), is one of the lowest metallicity halo giants known ([Fe/H] ≈ −4.0). Several studies (McWilliam et al. 1995; Norris et al. 2001) have shown that this star exhibits a highly unusual chemical composition, characterised by exceptionally large enhancements of the lightest α elements: Norris et al. (2001) found [Mg/Fe] = +1.2, [Si/Fe] = +1.0, [Ca/Fe] = +0.45, and even more dramatic values for carbon and especially nitrogen: [C/Fe] = +1.1 and [N/Fe] = +2.7. In contrast, the abundance of the neutron-capture elements was found to be rather low: [Ba/Fe] = −0.77.

These abundance ratios cannot be explained by classical mixing processes between the surface of the star and deep CNO-processed layers, or by the enrichment of primordial material by the ejecta of standard supernovae. Canonical supernova and Galactic Chemical Evolution (GCE) models (Timmes et al. 1995) predict that [C/Fe] should be solar, and [N/Fe] subsolar (since N is produced as a secondary element). Norris et al. (2001) discuss a variety of scenarios to explain this abundance pattern, and finally suggest that the material from which the star was formed was enriched by the ejecta from a massive zero-heavy-element hypernova (>200 $M_\odot$), which might be able to produce large amounts of primary nitrogen via proton capture on dredged-up carbon.

However, no previous analysis has yielded a measurement of the abundance of oxygen, an extremely important element, both for the precise determination of the nitrogen abundance and as a key diagnostic of alternative progenitor scenarios. We have therefore observed CS 22949–037 in the framework of a large, systematic programme on XMP stars with the ESO VLT and its UVES spectrograph. The extended wavelength coverage (including the red region), superior resolution, and S/N of our spectra enable us to determine abundances for a large sample of elements with unprecedented accuracy, accounting for the abundance anomalies of the star in a self-consistent manner, especially in the opacity computation.

This paper presents these new results and discusses their astrophysical implications. In Sect. 2 the observations are summarized. Section 3 presents a description of the model atmosphere calculations, and the methods used in the elemental abundance analyses. In Sect. 4 the observed abundance pattern for CS 22949–037 is compared with predictions of recent supernova and hypernova models.

2. Spectroscopic observations

The observations were performed in August 2000 and September 2001 at the VLT-UT2 with the high-resolution spectrograph UVES (Dekker et al. 2000). The spectrograph settings (dichroic mode, central wavelength 396 nm in the blue arm, and 573 or 850 nm in the red arm) provide almost complete spectral coverage from ~330 to 1000 nm. A 1″ entrance slit yielded a resolving power of $R \sim 45\,000$.

For CS 22949–037 ($V = 14.36$) we accumulated a total integration time of 7 hours in the blue, 4 hours in the setting centered at 573 nm, and 3 hours in the setting centered at 850 nm. Table 1 provides the observing log, together with the final S/N obtained at three typical wavelengths, and the barycentric radial velocity of the star at the time of the observation.

The spectra were reduced using the UVES package within MIDAS, which performs bias and inter-order background subtraction (object and flat-field), optimal extraction of the object (above sky, rejecting cosmic ray hits), division by a flat-field frame extracted with the same weighted profile as the object, wavelength calibration and rebinning to a constant wavelength, and step and merging of all overlapping orders. The spectra were then co-added and normalised to unity in the continuum. The mean spectrum from August 2000 has been used for the abundance analysis. The spectrum from September 2001 has a lower S/N ratio, and has been used only to check for radial velocity variations and as a check of the oxygen line profile.

Table 1 gives the barycentric radial velocity for each spectrum of CS 22949–037. The zero-point was derived from the telluric absorption lines (accurate wavelengths of these lines were taken from the GEISA database). The mean value is $V_r = -125.64 \pm 0.12$ km s^{-1} (internal error). Note that McWilliam et al. (1995) reported a heliocentric velocity $V_r = -126.4 \pm 0.5$ km s^{-1} in 1990, while Norris et al. (2001) obtained $V_r = -125.7 \pm 0.2$ km s^{-1} in September 2000. Hence, there is so far no evidence of any significant variation of the radial velocity, and thus no indication that CS 22949–037 might be part of a binary system.

3. Stellar parameters and abundances
3.1. Methods

The abundance analysis was performed with the LTE spectral analysis code "turbospectrum" in conjunction with OSMARCS atmosphere models. The OSMARCS models were originally developed by Gustafsson et al. (1975) and later improved by Plez et al. (1992), Edvardsson et al. (1993), and Asplund et al. (1997). Turbospectrum is described by Alvarez & Plez (1998) and Hill et al. (2002), and has recently been further improved by B. Plez.

Table 1. Log of the UVES observations. S/N refers to the signal-to-noise ratio pixel at 420, 630, and 720 nm in the mean spectrum. There are between 6.7 and 8.3 pixels per resolution element.

date	UT	Setting	Exp. time	V_r km s^{-1}	420 nm	630 nm	720 nm
2000-08-08	04:54	396–573	1 h	−125.68 ± 0.2			
2000-08-08	05:57	396–850	1 h				
2000-08-09	05:04	396–573	1 h	−125.64 ± 0.2			
2000-08-09	04:01	396–850	1 h				
2000-08-11	04:27	396–573	1 h	−125.60 ± 0.2			
2000-08-11	05:36	396–850	1 h				
Global S/N per pixel (2000/08)					110	170	110
Global S/N per resolution element					285	490	320
2001-09-06	05:06	396–573	1 h	−125.62 ± 0.2			
S/N per pixel (2001/09)					40	90	–

The temperature of the star was estimated from the colour indices (Table 2) using the Alonso et al. (1999) calibration for giants. There is good agreement between the temperature deduced from $B - V$, $V - R$ and $V - K$. However, Aoki et al. (2002) have shown that, in metal-deficient carbon-enhanced stars, the temperature determination from a comparison of broad-band colours with temperature scales computed with standard model atmospheres is sometimes problematic, because of the strong absorption bands from carbon-bearing molecules. In the case of CS 22949–037, although carbon and nitrogen are strongly enhanced relative to iron, the molecular bands are in fact never strong because the iron content of the star is so extremely low (ten times below that of stars analysed by Aoki et al. 2000). Neither the red CN system nor the C_2 Swan system are visible, and the blue CH and CN bands remain weak and hardly affect the blanketing in this region (cf. Sect. 3.2.1). Moreover, an independent Balmer-line index analysis yields T_{eff} = 4900 K ±125 K, in excellent agreement with the result from the colour indices and with the value adopted by Norris et al. (2001).

With our final adopted temperature, T_{eff} = 4900 K, the abundance derived from individual Fe I lines is almost independent of excitation potential (Fig. 1), at least for excitation potentials larger than 1.0 eV. Low-excitation lines are more sensitive to non-LTE effects, and the slight overabundance found from the lowest-excitation lines is generally explained by this effect (see also Norris et al. 2001).

The microturbulent velocity was determined by the requirement that the abundances derived from individual Fe I lines be independent of equivalent width. Finally, the surface gravity was determined by demanding that lines of the neutral and first-ionized species of Fe and Ti yield identical abundances of iron and titanium, respectively.

Table 2 compares the resulting atmospheric parameters to those adopted by McWilliam et al. (1995) and Norris et al. (2001).

3.2. Abundance determinations

The measured equivalent widths of all the lines are given in the appendix, together with the adopted atomic transition proba-

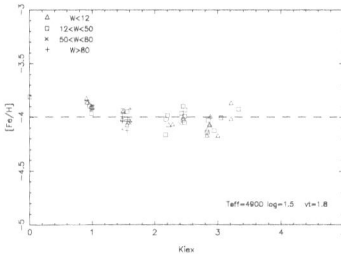

Fig. 1. Iron abundance as a function of excitation potential of the line. Symbols indicate different line strengths (in mÅ).

bilities and the logarithmic abundance of the element deduced from each line. The error on the equivalent width of the line depends on the S/N ratio of the spectrum and thus on the wavelength of the line (Table 1). Following Cayrel (1988), the error of the equivalent width should be about 1 mÅ in the blue part of the spectrum and less than 0.5 mÅ in the red. Since all the lines are weak, the error on the abundance of the element depends linearly on the error of the equivalent width. In some cases (where complications due to hyper-fine structure, molecular bands, or blends are present) the abundance of the element has been determined by a direct fit of the computed spectrum to the observations.

Table 3 lists the derived [Fe/H] and individual elemental abundance ratios, [X/Fe]. The iron abundance measured here is in good agreement with the results by McWilliam et al. (1995) and Norris et al. (2001): with an iron abundance ten thousand times below that of the Sun, CS 22949–037 is one of the most metal-poor stars known today.

As expected for a giant star, the lithium line is not detected.

Table 2. Colour indices and adopted stellar parameters for CS 22949–037. Temperatures have been computed from the Alonso et al. (1999) relations for $E(B - V) \approx 0.03$ (Burstein & Heiles 1982). The reddening for different colours has been computed following Bessell & Brett (1988).

CS 22949–037			Colour	
Magnitude or			corrected for	T_{eff}
Colour		Ref	reddening	(Alonso)
V	14.36	1		
$(B - V)$	0.730	1	0.700	4920
$(V - R)_J$	0.715	2	0.695	4910
$(V - K)$	2.298	3	2.215	4880

Adopted parameters for CS 22949–037				
T_{eff}	$\log g$	[Fe/H]	v_t	Ref
4810	2.1	−3.5	2.1	1
4900	1.7	−3.8	2.0	4
4900	**1.5**	**−3.9**	**1.8**	**5**

References:
1 Beers et al., in preparation.
2 McWilliam et al. (1995).
3 Point source catalog, 2MASS survey.
4 Norris et al. (2001).
5 Present investigation.

3.2.1. CNO abundances and the $^{12}C/^{13}C$ ratio

The C and N abundances are based on spectrum synthesis of molecular features due to CH and CN. In cool giants, a significant amount of CN and CO molecules are formed and thus, in principle, the C, N, and O abundances cannot be determined independently. However, since CS 22949–037 is relatively warm, little CO is formed, and the abundance of C is not greatly dependent on the O abundance. Nevertheless, we have determined the C, N and O abundances by successive iterations and, in particular, the final iteration has been performed with a model that takes the observed anomalous abundances of these species into account in a self-consistent manner, notably in the opacity calculations.

Carbon and nitrogen

The carbon abundance of CS 22949–037 has been deduced from the $A^2\Delta - X^2\Pi$ G band of CH (bandhead at 4323 Å), and the nitrogen abundance from the $B^2\Sigma - X^2\Sigma$ CN violet system (bandhead at 3883 Å). Neither the $A^3\Pi_g - X^3\Pi_u$ C2 Swan band nor the $A^2\Pi - X^2\Sigma$ red CN band, which are often used for abundance determinations, are visible in this star. Line lists for ^{12}CH, ^{13}CH, $^{12}C^{14}N$, and $^{13}C^{14}N$ were included in the synthesis. The CN line lists were prepared in a similar manner as the TiO line lists of Plez (1998), using data from Cerny et al. (1978), Kotlar et al. (1980), Larsson et al. (1983), Bauschlicher et al. (1988), Ito et al. (1988), Prasad & Bernath (1992), Prasad et al. (1992), and Rehfuss et al. (1992). Programs by Kotlar were used to compute wavenumbers of transitions in the red bands studied by Kotlar et al. (1980). For CH, the LIFBASE

Table 3. Individual element abundances. For each element X, Col. 2 gives the mean abundance $\log \epsilon(X) = \log N_X/N_H + 12$, Col. 3 the number of lines measured, Col. 4 the standard deviation of the results, and Cols. 5 and 6 [X/H] and [X/Fe], respectively (where $[X/H] = \log \epsilon(X) - \log \epsilon(X)_\odot$).

Element	$\log \epsilon(X)$	n	σ	[X/H]	[X/Fe]
Fe I	3.51	64	0.11	−3.99	
Fe II	3.56	6	0.11	−3.94	
C (CH)	5.72	synth		−2.80	+1.17
N (CN)	6.52	synth		−1.40	+2.57
O I	6.84	1	-	−1.99	+1.98
Na I	3.80	2	0.03	−1.88	+2.09
Mg I	5.17	4	0.19	−2.41	+1.58
Al I	2.34	2	0.03	−4.13	−0.16
Si I	4.05	2	-	−3.25	+0.72
K I	<0.89	2	-	<−4.06	<−0.09
S I	<5.09	1	-	<−2.12	<+1.78
Ca I	2.73	10	0.17	−3.63	+0.35
Sc II	−0.70	5	0.14	−3.87	+0.10
Ti I	1.40	8	0.09	−3.62	+0.35
Ti II	1.41	21	0.15	−3.61	+0.36
Cr I	1.29	5	0.10	−4.38	−0.41
Mn I	0.61	2	0.01	−4.78	−0.81
Co I	1.28	4	0.07	−3.64	+0.33
Ni I	2.19	3	0.02	−4.06	−0.07
Zn I	1.29	1	-	−3.41	+0.70
Sr II	−0.72	2	0.06	−3.64	+0.33
Y II	−1.80	3	0.11	−4.04	−0.07
Ba II	−2.42	4	0.10	−4.55	−0.58
Sm II	<−1.82	1	-	<−2.83	<+1.14
Eu II	<−3.42	1	-	<−3.93	<+0.04

program of Luque & Crosley (1999) was used to compute line positions and gf-values. Excitation energies and isotopic shifts were taken from the line list of Jörgensen et al. (1996), as LIFBASE only provides line positions for ^{12}CH. This procedure yielded a good fit of the CH lines, except for a very few lines which were removed from the list. Figure 2 shows the fit of the CN blue system.

Our analysis confirms the large overabundances of carbon and nitrogen in CS 22949–037 ([C/Fe] = +1.17±0.1, [N/Fe] = +2.56 ± 0.2, see Table 3 and Fig. 2), in good agreement with the results of Norris et al. (2001). But as an important new result, we have also been able to measure the $^{12}C/^{13}C$ ratio from ^{13}CH lines of both the $A^2\Lambda - X^2\Pi$ and $B^2\Sigma - X^2\Pi$ systems. Using a total of 9 lines of ^{13}CH (6 from the $A^2\Lambda - X^2\Pi$ system and 3 from the $B^2\Sigma - X^2\Pi$ system), we find $^{12}C/^{13}C = 4.0 \pm 2$ (Fig. 3). We note that the wavelengths for the ^{13}CH lines arising from the $A^2\Lambda - X^2\Pi$ system were systematically ~0.2 Å larger than observed, so the wavelengths for the whole set of lines was corrected by this amount.

Our derived $^{12}C/^{13}C$ ratio is much smaller than that found in metal-poor dwarfs: $^{12}C/^{13}C = 40$ (Gratton et al. 2000), and is close to the equilibrium isotope ratio reached in the CN cycle

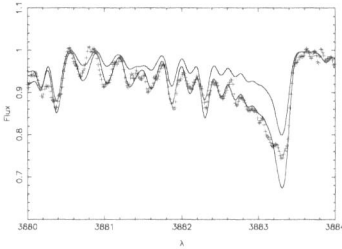

Fig. 2. Comparison of the observed spectrum (crosses) and synthetic spectra (thin lines) computed for [C/H] = −2.80, and [N/Fe] = 2.56 and +2.26., respectively.

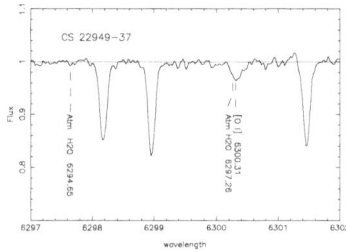

Fig. 4. Mean spectrum of CS 22949–037 from August 2000. The two telluric H$_2$O lines are indicated (shifted in wavelength by about 3 Å due to the radial velocity of the star).

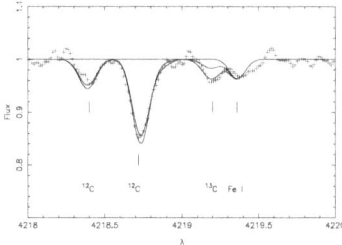

Fig. 3. Comparison of the observed spectrum (crosses) and synthetic profiles (thin lines) for $A^2\Lambda - X^2\Pi$ ^{12}CH and ^{13}CH lines computed for ^{12}C/^{13}C = 4 and 10, and with no ^{13}C.

(^{12}C/^{13}C = 3.0). Note also that the observed ^{13}C/^{14}N ratio (assuming that the N abundance is solely ^{14}N) is about 0.03, close to the equilibirum value of 0.01 (Arnould et al. 1999). We conclude that the initial CNO abundances of CS 22949-037 have probably been modified by material processed in the equilibrium CN-cycle operating in the interior of the star, and later mixed into the envelope.

The very large nitrogen abundance of CS 22949-037 ([N/Fe] = +2.6) has been recently confirmed by Norris et al. (2002) from the NH band at 336–337 nm. Such large overabundances of nitrogen have previously been noted in two other carbon-enhanced metal-poor stars, CS 22947–028 and CS 22949–034 (Hill et al. 2000); ([N/Fe] = +1.8 and [N/Fe] = +2.3, respectively), but in these stars the carbon overabundance was much larger than in CS 22949-037 ([C/Fe] = +2.0 and [C/Fe] = +2.5, respectively). Norris et al. (1997a) also found a very nitrogen-rich star, CS 22957–027, with [N/Fe] = +2. Note, however, that Bonifacio et al. (1998) obtained [N/Fe] = +1 for this star, but this discrepancy can

be probably accounted for by differences in oscillator strenghs adopted for the CN band.

Oxygen

The most significant result of this study is that we have detected the forbidden [O I] line at 630.031 nm – the first time that the oxygen abundance has been measured in a star as metal deficient as CS 22949–037. The equivalent width of this feature, measured directly from the spectrum, is about 6 mÅ. The [O I] line occurs in a wavelength range plagued by telluric bands of O$_2$, but the radial velocity of CS 22949–037 shifts the oxygen line to a location that is far away from the strongest telluric lines in all our spectra. Moreover, the position of the [O I] line relative to the telluric lines is different in the spectra obtained in August 2000 and September 2001 (the heliocentric correction varies from 3 to 16 km s^{-1}), which provides valuable redundancy in our analysis.

In the August 2000 spectra a weak telluric H$_2$O line (λ = 629.726 nm) is superimposed on the stellar [O I] line (Fig. 4). We have accounted for this H$_2$O line in two different ways. First, we have estimated its intensity using that of another line from the same molecular band system (R1 113), a feature observed at 629.465 nm, which should be twice as strong as the line at 629.726 nm. Secondly, we have observed the spectrum of a blue star just before that of CS 22949–037, and at about the same airmass. Figure 5 shows the spectrum of the comparison star, and Fig. 6 the result of dividing our spectra of CS 22949–037 by it.

From the telluric line at 629.465 nm in the spectrum of CS 22949–037 (Fig. 4), we estimate the equivalent width of the line at 629.726 nm to be ~1.5 mÅ. The equivalent width of the [O I] line itself should thus be about 4.5 ± 1.5 mÅ. From Fig. 6, the equivalent width of the O I line is 5 mÅ.

In our September 2001 spectrum of CS 22949–037 (Fig. 6) the telluric H$_2$O line falls outside the region of the stellar [O I] line, but the S/N ratio of that spectrum is much lower (Table 1). The measured equivalent width of the [O I] line from this

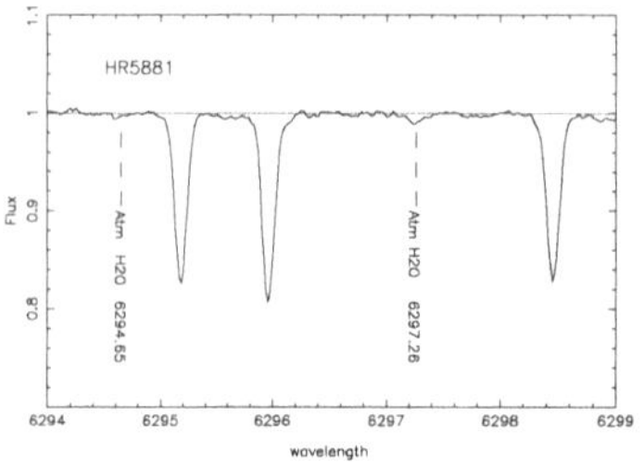

Fig. 5. Mean spectrum of the comparison star HR 5881 (A0 V, $v \sin i$ = 87 km s^{-1}), observed just before CS 22949–037.

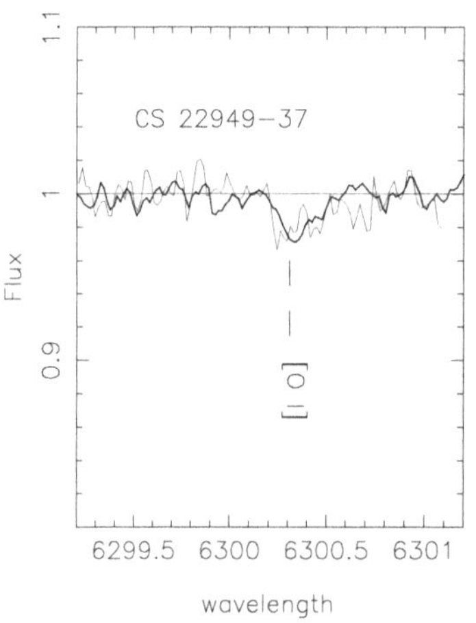

Fig. 6. The spectrum of CS 22949–037 divided by that of HR 5881 to eliminate the telluric lines (heavy line: mean of the three spectra obtained in August 2000 spectrum; thin line: September 2001 spectrum). The scale of both axes is the same as in Fig. 4. The measured equivalent width of the corrected [O I] line is 5 mÅ.

spectrum is 5 ± 2 mÅ, again in good agreement with the previous result. Our final value for the equivalent width of the [O I] line at 630.031 nm is then 5.0 ± 1.0 mÅ, corresponding to [O/H] = −1.98 ± 0.1 and [O/Fe] = +1.99 ± 0.1.

According to Kiselman (2001) and Lambert (2002), the [O I] feature is not significantly affected by non-LTE effects

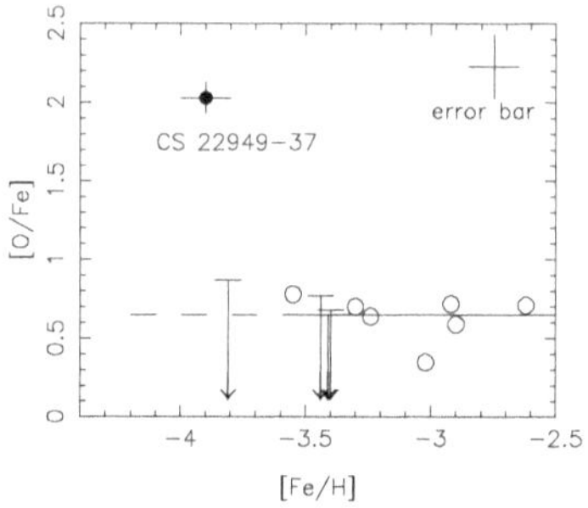

Fig. 7. Oxygen abundance from the [O I] forbidden line in extremely metal-poor stars: CS 22949–037 (black dot, this paper); measured values (open circles) and upper limits (arrows) in an extended sample (paper in preparation). At low metallicities, the ratio [O/Fe] does not seem to depend on [Fe/H], and is about +0.65. CS 22949–037 is thus very oxygen rich compared to "normal" extremely metal-poor stars. The error bar in the upper right corner is the typical uncertainty associated with the abundance determination in the sample. CS 22949–037 is plotted with its own associated uncertainties.

because (a) the line is weak, (b) the transition is a forbidden one (with collisional rates largely dominating over radiative rates), and (c) the upper level is collisionally excited. Oxygen abundances derived from the [O I] line are therefore less prone to systematic errors, but the line is very weak in metal-poor stars, hence high resolution and S/N ratio are both required.

Our result that [O/Fe] ≈ +2.0 in CS 22949–037, the most metal-poor star with a measured O abundance, raises the question whether such a large overabundance of O is representative of the most metal-poor stars in general. This would be an argument in favour of a continued increase of [O/Fe] at the lowest metallicities (e.g., Israelian et al. 2001a, 2001b).

Our VLT programme includes a sample of XMP giants which were observed and analysed in *exactly the same way* as CS 22949–037 (Depagne et al., in preparation). To provide a meaningful comparison to CS 22949–037, the oxygen abundances derived for this sample (from the [O I] line) are shown in Fig. 7. We stress once again that these abundance measurements have been obtained using exactly the same analysis as described in this paper, applied to 11 stars with effective temperatures between 4700 K and 4900 K, surface gravities between 0.8 to 1.8 dex, and metallicities in the range −2.6 to −3.8. The comparison between the oxygen abundance in CS 22949–037 and the rest of the sample is therefore straightforward, free from systematics arising from the method itself (e.g., determination of stellar parameters, atmospheric models, choice of oxygen indicator). In the metallicity range −3.5 ≤ [Fe/H] ≤ −2.5 we find a mean [O/Fe] ≈ +0.65, with surprisingly little scatter. We therefore expect that at [Fe/H] = −4.0, the mean oxygen abundance should also be around [O/Fe] ≈ +0.65, as is also hinted at by the upper limit obtained on the [Fe/H] = −3.8 giant plotted in Fig. 7. (This point will be discussed in detail, and with a larger sample of stars, in a subsequent paper in this series). Note that CS 22949–037 is the only one of the giants in our program with [Fe/H] ≈ −4.0 in which we *could* detect the [O I] line: for [O/Fe] = +0.65 the predicted equivalent width is ≈0.2 mÅ, well below the normal detection threshold at this wavelength (0.5–1.0 mÅ, depending on the S/N of the spectra).

We thus conclude that the O abundance in CS 22949–037 is *not* typical for XMP stars; [O/Fe] appears to be ~1.3 dex higher than the expected abundance ratio for stars of this low metallicity (Fig. 7).

We return to the discussion of the origin of these remarkable CNO abundances in Sect. 4.

3.2.2. The α elements Mg, Si, Ca, and Ti

In Fig. 8 we compare the light-element abundances of CS 22949–037 with those of the well-established XMP giants (the "classical" sample) studied by Norris et al. (2001).

The Si abundance in CS 22949–037 has been determined from two lines at 390.553 nm and 410.172 nm. The first is severely blended by a CH feature, while the latter falls in the wing of the $H_δ$ line. These blends have been taken into account in the analysis, and both lines yield similar abundances. The 869.5 nm and 866.8 nm lines of sulphur are not detected, and yield a fairly mild upper limit of [S/Fe] ≤ +1.78.

The even-Z ($α$-) elements Mg, Si, Ca, and Ti are expected to be mainly produced during hydrostatic burning in stars, and are generally observed to be mildly enhanced in metal-poor halo stars. It is thus remarkable that, in CS 22949–037, the magnitude of the $α$-enhancement decreases with the atomic number of the element: [Mg/Fe] is far greater than normal, while the enhancement of the heaviest $α$-elements, like Ca and Ti, is practically the same as in the classical metal-poor sample (a point noted as well by Norris et al. 2001). The [Si/Fe] ratio has an intermediate value.

3.2.3. The light odd-Z elements Na, Al, and K

The abundances of the odd-Z elements Na, Al, and K in XMP stars are all derived from resonance lines that are sensitive to non-LTE effects. The Al abundance is based on the resonance doublet at 394.4 and 396.2 nm. Due to the high resolution and S/N of our spectra, both lines can be used, and the CH contribution to the Al I 394.4 nm line is easily taken into account. The Na I D lines are used for the Na abundance determination, while the K resonance doublet is not detected in CS 22949–037.

Derived [Na/Fe] and [Al/Fe] ratios are usually underabundant in XMP field stars (Fig. 8), while we find [K/Fe] to be generally overabundant in the classical XMP sample (Depagne et al., in preparation), in agreement with Takeda et al. (2002). As found already by McWilliam et al. (1995), Na is *strongly enhanced* in CS 22949–037 ([Na/Fe] = +2.08),

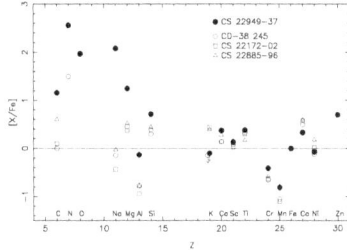

Fig. 8. Abundance of the elements from C to Zn in CS 22949–037 (filled circles) and in classical XMP stars with [Fe/H] ≈ −4 (open symbols). N, Mg, and Al are strongly enhanced in CS 22949–037, while the behaviour of the subsequent elements is normal.

while Al is less deficient than normal: [Al/Fe] = −0.13 in CS 22949–037, while the mean value for the comparison sample is [Al/Fe] = −0.8. The K doublet is undetected in both CS 22949–037 and CD −38 245, corresponding to upper limits of [K/Fe] ≤ −0.1 and [K/Fe] ≤ −0.14, respectively.

Several authors have pointed out that, in LTE analyses, the Na abundance may be overestimated (Baumüller et al. 1998), and the Al and K abundances underestimated (Baumüller & Gehren 1997; Ivanova & Shimanskii 2000; Norris et al. 2001). Following Baumüller et al. (1998) and Baumüller & Gehren (1997), for dwarfs with [Fe/H] = −3.0, LTE analysis leads to an offset of $Δ[Al/H]$ ≈ −0.65 and $Δ[Na/H]$ ≈ 0.6. Under the hypothesis of LTE, Al and Na behave similarly in dwarfs and giants, and as a first approximation we can therefore assume that the correction is the same for giants as for dwarfs (Norris et al. 2001).

However, the atmospheric parameters of all the stars shown in Fig. 8 are very similar (4850 < T_{eff} < 5050 K, 1.7 < log g < 2, and [Fe/H] ≈ −4), so the NLTE effects must also be very similar for all four stars. Accordingly, the difference between the Na, Al, and K abundances in CS 22949–037 and in the classical metal-poor sample must be real and independent of the non-LTE effects. Figure 9 shows the differences between the light-element abundances in CS 22949–037 and the mean of the three XMP giants CD–38 245, CS 22172–02, and CS 22885–96. For potassium, the upper limit derived above for CD–38 245 was taken as the best approximation to the K abundance of this star when forming the mean. Figure 9 highlights the dramatic decrease in the enhancement of the light elements from Na through Si in CS 22949–037; beyond silicon, the abundance ratios in CS 22949–037 are similar to those in other XMP stars.

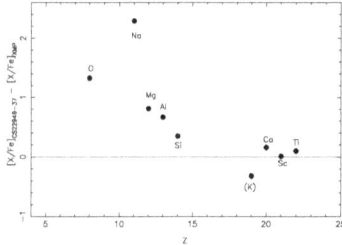

Fig. 9. $[X/Fe]_{22949-037} - [X/Fe]_{XMP}$, where "XMP" represents the mean abundances of the light elements of the three XMP giants CD – $38°245$, CS 22172–02, and CS 22885–96.

3.2.4. The Si-burning elements

The distribution of the abundances of the Si-burning elements in CS 22949–037 is different from that observed in the Sun, but is rather similar to the distribution observed in three other very metal-poor stars (see Fig. 8). Furthermore, this pattern is rather well represented by the Z35C zero-metal supernova yields obtained by Woosley & Weaver (1995), as modified by Woosley and Heger (model Z35Z, A. Heger, private communication). Note that Cr and Mn are underabundant while Co and Zn are overabundant. The present analysis of CS 22949-037 is the first case in which a Zn abundance has been derived in such an extremely metal-poor star. We find that $[Zn/Fe] = +0.7 \pm 0.1$, in agreement with the increasing trend suggested in other very metal-poor stars (e.g., Primas et al. 2000; Blake et al. 2001), but of course it should be kept in mind that this star may not reflect the general behavior of the most metal-deficient stars.

3.2.5. The neutron-capture elements

CS 22949–037 is a carbon-rich XMP giant, and the neutron-capture elements are often (though not always) enhanced in such stars (e.g., Hill et al. 2000). Sr is indeed enhanced in CS 22949–037 ($[Sr/Fe] = +0.33$), but the $[Y/Fe]$ ratio is about solar ($[Y/Fe] = -0.07$). Ba is underabundant relative to iron ($[Ba/Fe] = -0.58$) while Sm and Eu are not detected at all ($[Eu/Fe] \le 0.04$). In seeking an explanation for the origin of this pattern, we compare the distribution of heavy elements in CS 22949–037 to three well-studied groups of stars: (i) the classical XMP sample; (ii) the so-called CH stars, a well-known class of carbon-rich metal-poor stars, and (iii) the new class of mildly carbon-rich metal-poor stars without neutron-capture excess (Aoki et al. 2002). We have excluded the *r*-process enhanced XMP star CS 22892-052, as its mild carbon enhancement ($[C/Fe] \approx +1$) appears to be unique among the presently known examples of this class.

(i) The classical XMP stars. In the three classical XMP giants (Norris et al. 2001), both Sr and Ba are very deficient with respect to iron, and by about the same factor: $[Sr/Fe]_{mean} = -1.16$, $[Ba/Fe]_{mean} = -1.15$ and $[Ba/Sr]_{mean} \approx 0.0$. In CS 22949–037, Sr is actually enhanced and $[Ba/Sr] = -0.91$, which is a rather different pattern.

(ii) The CH stars. As a group, the CH stars are moderately metal-poor ($[Fe/H] = -1.5$) yet strongly enriched in neutron-capture elements; most of them presumably formed as the result of the *s*-process inside an AGB star (Vanture 1992). The CH stars are members of long-period binary systems with orbital characteristics consistent with the presence of a fainter companion, and it is generally assumed that the abundance anomalies in these stars are the result of mass transfer from the AGB companion, which has now evolved into a white dwarf. At least one very metal-poor star is known to share many of these properties (LP 625-44; Norris et al. 1997a), and it too is a member of a binary system. More recently, Aoki et al. (2000) have confirmed the earlier work that suggested the level of $[Sr/Ba]$ increases with atomic number (at contrast with our star), as expected from an *s*-process at high neutron exposure (e.g. Wallerstein et al. 1997; Gallino et al. 1998). For example, in some of these very metal-poor CH stars, ^{208}Pb is extremely overabundant (Van Eck et al. 2001); this element is not even detected in our star. In CS 22949–037 the situation is the opposite: the heavy-element abundances *decrease* with atomic number and even turn into a deficit ($[Sr/Fe] = +0.33$, $[Y/Fe] = -0.07$, and $[Ba/Fe] = -0.58$). Accordingly, the neutron-exposure processes in CS 22949–037 and the CH stars appear to have been completely different. Moreover, there is no indication that CS 22949–037 belongs to a binary system (cf. Table 1 and Sect. 2), but since the CH stars are generally long-period, low-amplitude binaries we cannot exclude that our star has been enriched by a companion. Accurate longer-term monitoring of the radial velocity of CS 22949–037 will be needed to settle this point.

(iii) The carbon-rich metal-poor stars without neutron-capture excess

Norris et al. (1997b), Bonifacio et al. (1998) and Aoki et al. (2002) observed five very metal-poor, carbon-rich giants ($-3.4 < [Fe/H] < -2.7$) without neutron-capture element excess. Like CS 22949–037, these stars exhibit carbon excesses of $[C/Fe] \approx +1$, but $^{12}C/^{13}C \approx 10$. the nitrogen excesses in these stars is much smaller ($0.0 < [N/Fe] < 1.2$), and the neutron-capture abundances are about the same as in normal halo giants with $[Fe/H] \approx -3$. Sr and Ba are underabundant, but the $[Ba/Sr]$ ratio is close to solar, again completely unlike CS 22949–037. Aoki et al. (2002) have suggested that this class of stars could be the result of helium shell flashes near the base of the AGB in very low-metallicity, low-mass stars, but this hypothesis is not yet confirmed.

In summary, the detailed abundance patterns in CS 22949–037 appear to require a different origin from that of the currently known groups of carbon-rich XMP giants. This point is discussed further in the next section.

4. Comparison of the abundance pattern of CS 22949–037 with various theoretical studies

This early generation star is not the first one to display an abundance pattern that is not easily accounted for by standard SN II nucleosynthesis computations. The HK survey has found several very iron-poor stars with large abundances of C, and N (e.g., Hill et al. 2000). Figure 8 compares the abundances in CS 22949–037 with those of 3 classical metal-poor stars, which are passably explained by current SN II nucleosynthesis (Tsujimoto et al. 1995; Woosley & Weaver 1995), although no nitrogen (which is by-passed in a pure helium core) is predicted in our star and in CD–38°245, at contrast with the observations. Figure 9 gives the ratios of the abundances in CS 22949–037 to the mean of the 3 stars. Very clearly the major feature is a large relative overabundance with respect to iron of the light elements C, N, O, Na, and Mg, declining to almost insignificance at Si, and none for $Z > 15$, as already noted in Norris et al. (2001). Qualitatively, something very similar is occurring in the model Z35B of Woosley & Weaver (1995) which, because of insufficient explosion energy and partial "fallback", expels only C, O, Ne, Na, Mg, Al, a very small quantity of Si, and nothing heavier. Below we discuss several attempt to refine this idea.

Another path was followed by Norris et al. (2002) for explaining CS 22949–037: the pair-instability hypernova yields (see Fryer et al. 2001; and Heger & Woosley 2002). Here one important ingredient is the mixing of some of the carbon in the helium core with proton-rich material, producing a large amount of primary nitrogen. However, the other yields of pair-instability supernovae have some features which poorly fit the more complete pattern we have obtained here for CS 22949–037. In particular, they show a larger [Zn/Fe] , in contrast to the observed value of [Zn/Fe] = +0.7. So, it seems that, if the idea of primary nitrogen production by mixing must be retained, the case for pair-instability hypernovae is not attractive.

A large body of other theoretical work is relevant to the nucleosynthesis in very low-metallicity stars, and we make no attemps to fully sumarize previous results in the present paper. However, a few recent ideas are worth keeping in mind. For example, Umeda & Nomoto (2002) have tried to explain the [Zn/Fe] $\approx$ 0.5 found at very low metallicity. Their conclusion is that the solution is a combination of a proper mass cut, followed by mixing between the initial mass cut and the top of the incomplete Si-burning region, followed by a fallback of most of the Si-burning region. In order to produce the usual [O/Fe] value and [Zn/Fe] $\approx$ 0.5, it is necessary to have a progenitor mass of 25 or 30 $M_\odot$, *and* an energetic explosion of 10 to 30×10^{51} ergs.

Chieffi & Limongi (2002) have explored the possibility of adjusting the free parameters in a single SN II event to fit the abundances of five individual very metal-poor stars (Norris et al. 2001, including CS 22949–037). Although in the end they discard CS 22949–037, they note that, except for the overabundance of C to Mg, the star is very similar to the other stars of the sample, and that the high [Co/Fe] value is apparently well explained in all C-rich stars by their computed yields.

Finally, we come back to the "fallback" explanation for the high, C,N,O, and Na abundances, which make this [Fe/H] = –4 star a $Z = 0.01\ Z_\odot$ star. An unpublished result (model Z35Z of Woosley & Heger, in preparation) was kindly communicated to us as a variant of the already cited model Z35C. This model has a slightly larger amount of fallback, and includes hydrodynamical mixing in the explosion. It shows a fairly good fit with our observations (crosses in Fig. 10), except for Al and Na, which have to be corrected for non-LTE effects, and for N, which is not expected to be formed in the Z35Z model. To improve this fit we corrected for the non-LTE effects on Na and Al (see Sect. 3.2.3), and we supposed (open circles in Fig. 10) that the observed abundance of nitrogen was the result of a transformation of carbon into nitrogen through the CN cycle (in the star itself or in its progenitor). After these corrections the agreement is much better. The discrepancy about the Zn abundance is probably curable (Umeda & Nomoto 2002) as explained here above.

At this point we must mention that rotation may be a source of mixing and CN processing (see Meynet & Maeder 2002), and that other non-standard mixing mechanisms have been investigated along the RGB, which may have altered the $^{12}C/^{13}C$ ratio and the C/N ratio in CS 22949–037 itself (Charbonnel 1995).

The computation of the supernova yields does not contain predictions for the neutron-capture elements. Generally speaking, these elements are not easily built in zero-metal supernovae (like Z35Z), nor in zero-metal very massive objects, owing to an inefficient neutron flux, a lack of neutron seeds or both. The main phenomenon observed in CS 22949–37 is the very rapid decline of the abundance of these elements with the atomic number. Such a decline is not observed in other very metal-poor stars (see Sect. 3.2.5), and it suggests an unusually "truncated" neutron exposure (very short relative to the neutron flux).

In summary, it appears that SNe II of mass near 30 $M_\odot$, either primordial or of very low metallicity, offer good prospects for explaining stars like CS 22949–037. Enough ingredients are available. They have still to be assembled in the most economic way.

5. Conclusions

Bringing the light collecting power, resolution, and extended wavelength coverage of UVES/VLT to bear on the abundance analysis of CS 22949–37 has provided important new results as well as refined the results of previous analyses. For the first time in such a metal-poor star, we have measured the forbidden O I line at 630.0 nm: we found [O/Fe] = +1.97. We found a mild carbon enhancement [C/Fe] = +1.17 and a very low $^{12}C/^{13}C$ = 4 ± 2 ratio, close to the equilibrium value The elemental abundances of the extremely metal-poor stars CS 22949–037 are very unusual. The strong enhancement of oxygen (not typical for this very low metallicity) could be explained by pair-instability supernovae, but the strong odd-even effect predicted in these models, which is not observed, rules out these very massive objects. The enhancement of O and C is explained by models of zero-metallicity (or very metal-poor)

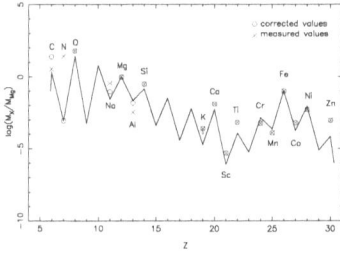

Fig. 10. The logarithmic mass ratio of elements X to Mg (log M_X/M_{Mg}) compared with those predicted by the zero heavy-element supernova model Z35Z (Woosley & Weaver 1995, as recently modified by Heger and Woosley). The measured abundances in CS 22949–037 have been corrected for NLTE effects (Na, Al), or for internal mixing in the star (C, N). The open circles represent the assumed initial abundances of the elements, while the crosses show the atmospheric abundances as derived in LTE. For K, only an upper limit is available.

core-collapse supernovae. The observed enhancement of N has to be explained by the CN processing of C, in the supernova or in the star itself (or its companion, if binary). The fair agreement between the observed elemental abundances in CS 22949–037 and those predicted in the Z35Z model of Woosley and Heger (private communication) suggests that the most likely interpretation is that this star exhibits the ejecta of a single core-collapse supernova. However, more complex scenarios, in which the combined ejecta of several progenitors are responsible, are not excluded by the present data. Clearly, interpretation of the exceptional pattern of the neutron-capture elements in CS 22949–037 merits further study. The identification of other extremely metal-poor stars that exhibit similar patterns would be most illuminating.

Acknowledgements. We thank A. Heger, S. Woosley, I. Baraffe, A. Chieffi and L. Limongi for useful discussions pertaining to the interpretation of the elemental abundance patterns in CS 22949-037, in particular A. Heger and S. Woosley for kindly providing the modified supernova yields and A. Chieffi and L. Limongi for sending us a copy of their paper in advance of publication their paper. We thank N. Jacquinet-Husson for helping to extract accurate wavelengths of the telluric lines from the GEISA database. We also thank the referee, J. Cowan, for useful comments that helped to improve the paper. J.A. and B.N. received partial support for this work from the Carlsberg foundation and the Danish Natural Science Research Council. T.B. acknowledges partial support of this work from the U.S. National Science Foundation, in the form of grants AST 00-98549 and AST 00-98508.

Appendix A: Line list and atomic data

We list in this table all the lines that were used to derive abundance.

Table .1. Linelist, equivalent width, and abundance for the elements in CS 22949–937.

Element	lambda	log (gf)	W (mÅ)	log e	< log e >
O I					**6.84**
	6300.304	−9.750	5.0	6.84	
Na I					**3.80**
	5889.951	0.110	151.6	3.82	
	5895.924	−0.190	132.9	3.77	
Mg I					**5.17**
	3829.355	−0.210	156.1	5.19	
	3832.304	0.150	185.2	5.12	
	3838.290	0.420	202.7	4.85	
	4167.271	−1.000	46.3	5.54	
	4571.096	−5.390	52.9	5.07	
	5172.684	−0.380	176.1	5.22	
	5183.604	−0.160	199.4	5.23	
	5528.405	−0.340	62.6	5.08	
Al I					**2.34**
	3944.006	−0.640	71.5	2.36	
	3961.520	−0.340	84.1	2.32	
Si I					**4.05**
	4102.936	−2.700	16.4	4.26	
Ca I					**2.73**
	4226.728	0.240	112.5	2.67	
	4283.011	−0.220	15.4	3.12	
	4318.652	−0.210	6.1	2.67	
	4454.779	0.260	19.4	2.77	
	5588.749	0.210	4.1	2.70	
	5857.451	0.230	1.0	2.51	
	6102.723	−0.790	2.3	2.70	
	6122.217	−0.320	8.1	2.81	
	6162.173	−0.090	11.4	2.76	
	6439.075	0.470	5.1	2.52	
Sc2					**−0.70**
	4246.822	0.240	62.7	−0.72	
	4314.083	−0.100	37.8	−0.47	
	4400.389	−0.540	11.7	−0.71	
	4415.557	−0.670	8.5	−0.75	
	5031.021	−0.400	2.0	−0.84	
Ti1					**1.40**
	3998.636	−0.060	11.9	1.35	
	4533.241	0.480	7.2	1.44	
	4534.776	0.280	3.4	1.29	
	4981.731	0.500	9.0	1.48	
	4991.065	0.380	6.5	1.45	
	4999.503	0.250	5.8	1.51	
	5173.743	−1.120	1.8	1.38	
	5192.969	−1.010	1.7	1.27	
Ti2					**1.41**
	3759.296	−0.460	117.7	2.24	
	3761.323	0.100	114.6	1.56	
	3913.468	−0.530	67.0	1.54	
	4012.385	−1.610	31.9	1.28	
	4028.343	−1.000	5.4	1.28	
	4290.219	−1.120	37.4	1.55	
	4337.915	−1.130	35.1	1.42	

Table .1. continued.

Element	lambda	log(gf)	W (mÅ)	log ε	< log ε >
	4395.033	−0.660	56.9	1.34	
	4395.850	−2.170	2.8	1.37	
	4399.772	−1.270	22.1	1.46	
	4417.719	−1.430	24.5	1.59	
	4443.794	−0.710	51.5	1.29	
	4450.482	−1.450	19.1	1.37	
	5226.543	−1.290	6.10	1.165	
Cr1					1.29
	4254.332	−0.110	38.2	1.16	
	4274.796	−0.230	35.7	1.23	
	4289.716	−0.360	31.8	1.28	
	5206.038	0.020	10.9	1.33	
	5208.419	0.160	17.5	1.43	
Mn1					0.61
	4030.753	−0.480	26.6	0.60	
	4033.062	−0.620	21.2	0.61	
Fe1					3.51
	3899.700	−1.530	102.2	3.84	
	3920.300	−1.750	95.5	3.87	
	3922.900	−1.650	102.5	3.91	
	4005.200	−0.610	61.5	3.45	
	4045.800	0.280	99.6	3.46	
	4063.600	0.070	89.8	3.47	
	4071.700	−0.020	84.1	3.46	
	4076.600	−0.370	6.3	3.62	
	4132.100	−0.670	58.2	3.47	
	4143.900	−0.460	66.2	3.37	
	4147.700	−2.100	7.7	3.48	
	4156.800	−0.610	5.0	3.32	
	4174.900	−2.970	7.4	3.67	
	4181.800	−0.180	10.5	3.24	
	4187.000	−0.550	18.6	3.47	
	4187.800	−0.550	22.1	3.53	
	4191.400	−0.730	13.5	3.51	
	4195.300	−0.410	11.1	4.06	
	4199.100	0.280	23.9	3.49	
	4202.000	−0.700	60.3	3.38	
	4222.200	−0.970	8.3	3.48	
	4227.400	0.230	15.1	3.57	
	4233.600	−0.600	19.0	3.56	
	4250.100	−0.400	22.6	3.45	
	4260.500	−0.020	44.2	3.44	
	4271.200	−0.350	32.7	3.60	
	4271.800	−0.160	88.1	3.50	
	4282.400	−0.820	16.0	3.33	
	4325.800	−0.010	91.2	3.57	
	4404.800	−0.140	85.1	3.46	
	4415.100	−0.610	61.8	3.44	
	4447.700	−1.340	6.0	3.42	
	4461.700	−3.200	33.0	3.71	
	4466.600	−0.600	6.0	3.37	
	4494.600	−1.140	11.7	3.51	
	4528.600	−0.820	21.3	3.48	
	4871.300	−0.360	10.7	3.43	
	4872.100	−0.570	7.8	3.50	
	4891.500	−0.110	19.8	3.47	
	4919.000	−0.340	11.0	3.42	
	4920.500	0.070	23.5	3.36	
	4994.100	−3.080	7.5	3.72	
	5001.900	0.010	3.1	3.61	
	5041.100	−3.090	4.2	3.51	
	5041.800	−2.200	8.2	3.54	
	4494.600	−1.140	11.7	3.51	
	4528.600	−0.820	21.3	3.48	
	4871.300	−0.360	10.7	3.43	
	4872.100	−0.570	7.8	3.50	
	4891.500	−0.110	19.8	3.47	

Table .1. continued.

Element	lambda	log(gf)	W (mÅ)	log ε	< log ε >
	4919.000	−0.340	11.0	3.42	
	4920.500	0.070	23.5	3.36	
	4994.100	−3.080	7.5	3.72	
	5001.900	0.010	3.1	3.61	
	5041.100	−3.090	4.2	3.51	
	5041.800	−2.200	8.2	3.54	
	5049.800	−1.360	5.5	3.43	
	5051.600	−2.800	11.2	3.63	
	5068.800	−1.040	3.9	3.70	
	5110.400	−3.760	15.9	3.68	
	5123.700	−3.070	4.8	3.60	
	5127.400	−3.310	3.0	3.52	
	5166.300	−4.200	7.8	3.77	
	5171.600	−1.790	19.5	3.56	
	5194.900	−2.090	6.9	3.42	
	5232.900	−0.060	15.6	3.37	
	5266.600	−0.390	6.2	3.32	
	5324.200	−0.240	7.2	3.48	
	5328.500	−1.850	15.0	3.55	
	5339.900	−0.720	3.2	3.65	
	5371.500	−1.650	62.6	3.63	
	5383.400	0.640	2.3	3.32	
	5397.100	−1.990	46.8	3.64	
	5405.800	−1.840	44.8	3.53	
	5429.700	−1.880	48.5	3.60	
	5434.500	−2.120	31.5	3.99	
	5446.900	−1.910	43.8	3.58	
	5455.600	−2.090	33.4	3.99	
	5506.800	−2.800	9.4	3.99	
Fe2					3.56
	4178.862	−2.480	5.0	3.39	
	4233.172	−2.000	20.2	3.59	
	4416.830	−2.600	4.9	3.71	
	4515.339	−2.480	3.4	3.49	
	4920.224	−2.610	2.8	3.50	
	4555.893	−2.280	7.3	3.62	
Co1					1.28
	3845.461	0.010	30.9	1.35	
	3995.302	−0.220	16.7	1.20	
	4118.767	−0.490	7.9	1.24	
	4121.311	−0.320	17.2	1.30	
Ni1					2.19
	3807.138	−1.180	50.4	2.21	
	3858.292	−0.970	58.9	2.17	
	5476.900	−0.890	6.2	2.17	
	5476.900	−0.890	6.2	2.17	
Zn1					1.29
	4822.528	−0.13	3.0	1.29	
Sr2					−0.72
	4077.709	0.170	109.3	−0.67	
	4215.519	−0.170	95.5	−0.75	
Y2					−1.80
	3950.352	−0.490	7.7	−1.68	
	3950.352	−0.490	7.7	−1.68	
	4883.684	0.070	1.6	−1.90	
	5087.416	−0.170	1.2	−1.80	
Ba2					−2.42
	4554.029	0.170	23.1	−2.53	
	4934.076	−0.150	15.7	−2.46	
	5853.668	−1.010	0.7	−2.38	
	6141.713	−0.070	5.6	−2.30	
Sm2					−1.82
	4537.941	−0.230	1.3	−1.82	
Eu2					−3.42
	4129.725	0.200	1.00	−3.41	

71

198   E. Depagne et al.: CS 22949–037: A diagnostic of early massive supernovae

References

Alonso, A., Arribas, S., & Martinez-Roger, C. 1999, A&AS, 140, 261
Alvarez, R., & Plez, B. 1998, A&A, 330, 1109
Aoki, W., Norris, J. E., Ryan, S. G., et al. 2000, ApJ, 536, 97
Aoki, W., Ryan, S. G., Norris, J. E., et al. 2001, ApJ, 561, 346
Aoki, W., Norris, J. E., Ryan, S. G., et al. 2002, ApJ, 567, 1166
Arnould, M., Goriely, S., & Jorissen, A. 1999, A&A, 347, 572
Asplund, M., Gustafsson, B., Kiselman, D., et al. 1997, A&A, 318, 521
Baumüller, D., & Gehren, T. 1997, A&A, 325, 1088
Baumüller, D., Butler, K., & Gehren, T. 1998, A&A, 338, 637
Bauschlicher, C. W., Langhoff, S. R., & Taylor, P. R. 1988, ApJ, 332, 531
Beers, T. C., Preston, G. W., & Shectman, S. A. 1992, AJ, 103, 1987
Beers, T. C., Rossi, S., Norris, et al. 1999, ApJ, 117, 981
Bessell, M., & Brett, J. M. 1988, PASP, 100, 1134
Blake, L., Ryan, S., Norris, J., et al. 2001, Nucl. Phys. A., 688, 502
Bonifacio, P., Molaro, P., Beers, T. C., et al. 1998, A&A, 332, 680
Burstein, D., & Heiles, C. 1982, AJ, 87, 1165
Cayrel, R. 1988, in The impact of Very High S/N Spectroscopy on Stellar Physics, ed. G. Cayrel de Strobel, & M. Spite (Kluwer Dordrecht), Proc. IAU Symp., 132, 345
Cayrel, R., Hill, V., Beers, T. C., et al. 2001, Nature, 409, 691
Cerny, D., Bacis, R., Guelachviliet, et al. 1978, JMS, 73, 154
Charbonnel, C. 1995, ApJ, 453, 41
Chieffi, A., Dominguez, I., Limongi, M., et al. 2001, ApJ, 554, 1159
Chieffi, A., & Limongi, M. 2002, ApJ, submitted
Cowan, J. J., Pfeiffer, B., Kratz, K. L., et al. 1999, ApJ, 521, 194
Dekker, H., D'Odorico, S., Kaufer, A., et al. 2000, in Optical and IR Telescope Instrumentation and Detectors, ed. I. Masanori, & F. A. Moorwood, Proc. SPIE, 4008, 534
Edvardsson, B., Andersen, J., Gustafsson, B., et al. 1993, A&A, 275, 101
Fryer, C. L., Woosley, S. E., & Heger, A. 2001, ApJ, 550, 372
Gallino, R., Arlandini, C., Busso, M., et al. 1998, ApJ, 497, 388
Gratton, R. G., Sneden, C., Carretta, E., et al. 2000, A&A, 354, 169
Gustafsson, B., Bell, R. A., Eriksson, K., et al. 1975, A&A, 42, 407
Heger, A., Woosley, S. E., Baraffe, I., et al. 2002 [astro-ph/0112059]
Heger, A., & Woosley, S. E. 2002, ApJ, 567, 532

Hill, V., Plez, B., Cayrel, R., et al. 2002, A&A, submitted
Hill, V., Barbuy, B., Spite, M., et al. 2000, A&A, 353, 557
Ito, H., Ozaki, Y., Suzuki, K., et al. 1988, JMS, 127, 283
Israelian, G., Rebolo, R., García López, R. J., et al. 2001a, ApJ, 557, L43
Israelian, G., Rebolo, R., García López, R. J., et al. 2001b, ApJ, 551, 833
Ivanova, D. V., & Shimansky, V. V. 2000, AZh, 77, 432 (English transl. in Astron. Rep., 44, 376)
Jørgensen, U. G., Larsson, M., Iwamae, et al. 1996, A&A, 315, 204
Kiselman, D. 2001, New Ast. Rev., 45, 559
Kotlar, A. J., Field, R. W., & Steinfeld, J. I. 1980, JMS, 80, 86
Lambert, D. L. 2002, in Highlights of Astronomy, 12, ASP, ed. H. Rickman, in press
Larsson, M., Siegbahn, P. E. M., & Agren, H. 1983, ApJ, 272, 369L
Luque, J., & Crosley, D. R. 1999, SRI International Report MP 99-009
Meynet, G., & Maeder, A. 2002, A&A, 381, L25
McWilliam, A., Preston, G. W., Sneden, C., et al. 1995, AJ, 109, 2757
Norris, J. E., Ryan, S. G., & Beers, T. C. 1996, ApJ, 471, 254
Norris, J. E., Ryan, S. G., & Beers, T. C. 1997, ApJ, 488, 350
Norris, J. E., Ryan, S. G., & Beers, T. C. 1997, ApJ, 489, L169
Norris, J. E., Ryan, S. G., & Beers, T. C. 2001, ApJ, 561, 1034
Norris, J. E., Ryan, S. G., & Beers, T. C., et al. 2002, ApJ, 569, 107
Plez, B. 1998, A&A, 337, 495
Plez, B., Brett, J. M., & Nordlund, Å. 1992, A&A, 256, 551
Prasad, C. V. V., & Bernath, P. F. 1992, JMS, 156, 327
Prasad, C. V. V., Bernath, P. F., Frum, C., et al. 1992, JMS, 151, 459
Primas, F., Brugamyer, E., Sneden, C., et al. 2000, In The First Stars, ed. A. Weiss, T. Abel, & V. Hill (Springer Berlin), 51
Rehfuss, B. D., Suh, M. H., & Miller, T. A. 1992, JMS, 151, 437
Spite, F., & Spite, M. 1982, A&A, 115, 357
Takeda, Y., Zhao, G., Chen, Y.-Q., et al. 2002 [astro-ph/0110165]
Thornton, K., Gaudlitz, M., Janka, H.-T., et al. 1998, ApJ, 500, 98
Timmes, F. X., Woosley, S. E., & Weaver, T. A. 1995, ApJS, 98, 617
Umeda, H., & Nomoto, K. 2002 ApJ, 565, 385
Van Eck, S., Goriely, S., Jorissen, A., et al. 2001, Nature, 412, 793
Vanture, A. D. 1992, AJ, 104, 1986
Wallerstein, G., Iben, I., Parker, P., et al. 1997, Rev Mod. Phys., 69, in Synthesis of elements in stars: forty years of progress, Chapter XI, 1042
Woosley, S. E., & Weaver, T. A. 1995, ApJS, 101, 181

4.7 Composition chimique des étoiles de notre échantillon

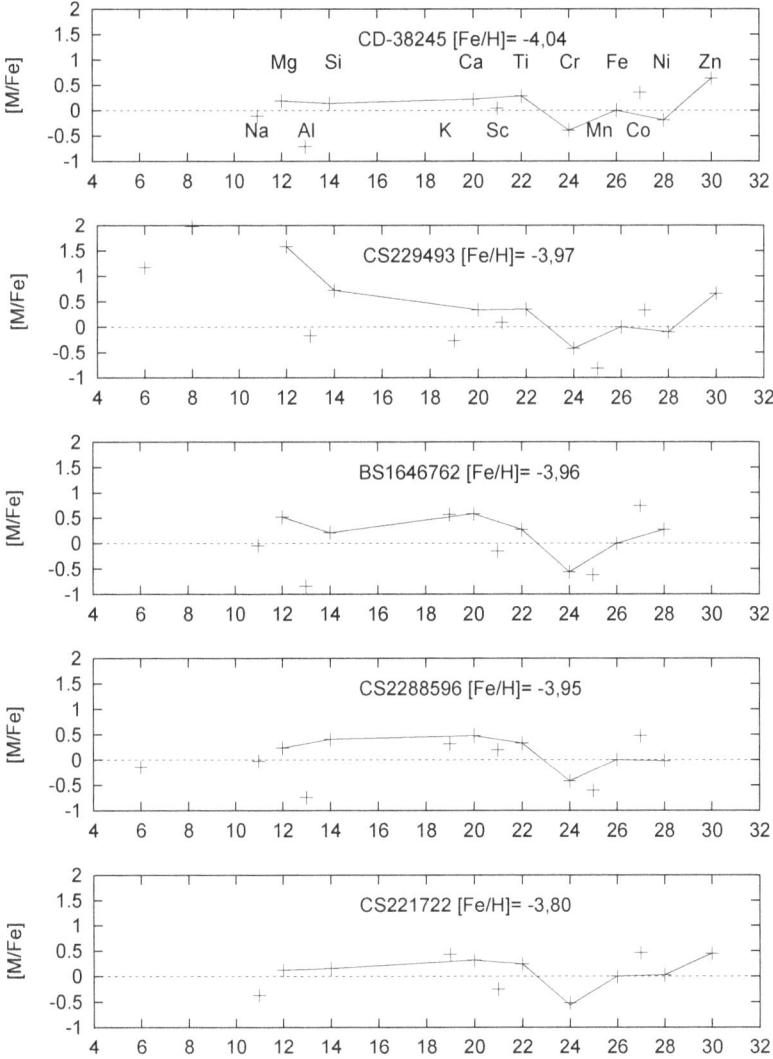

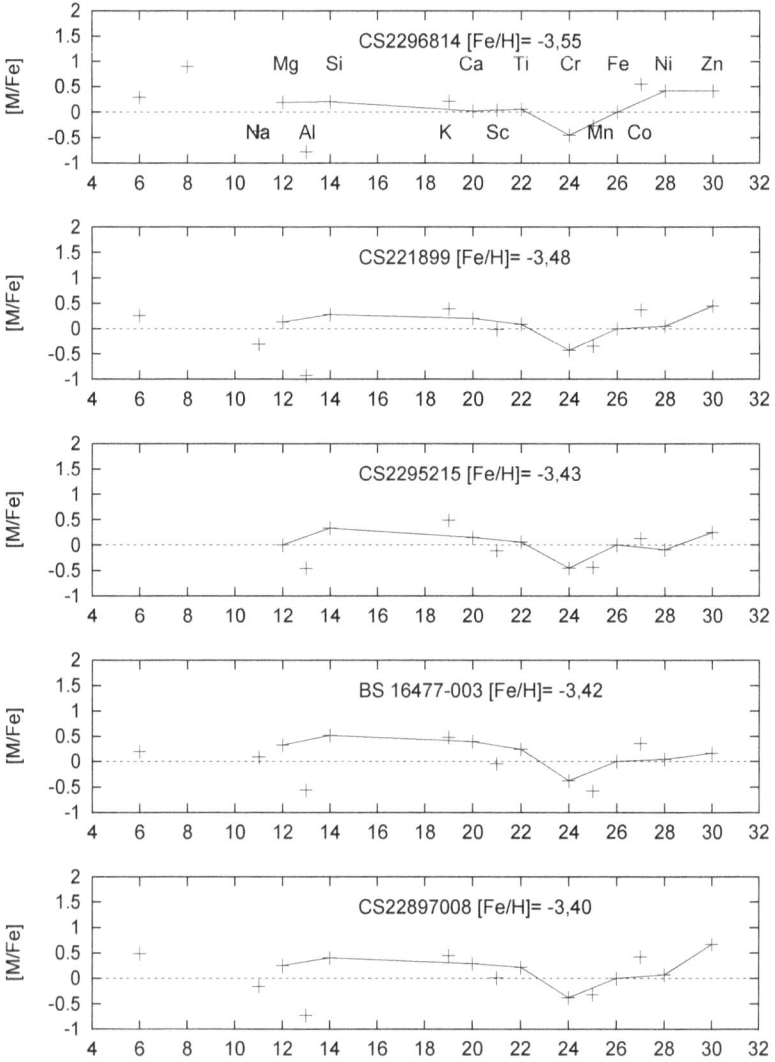

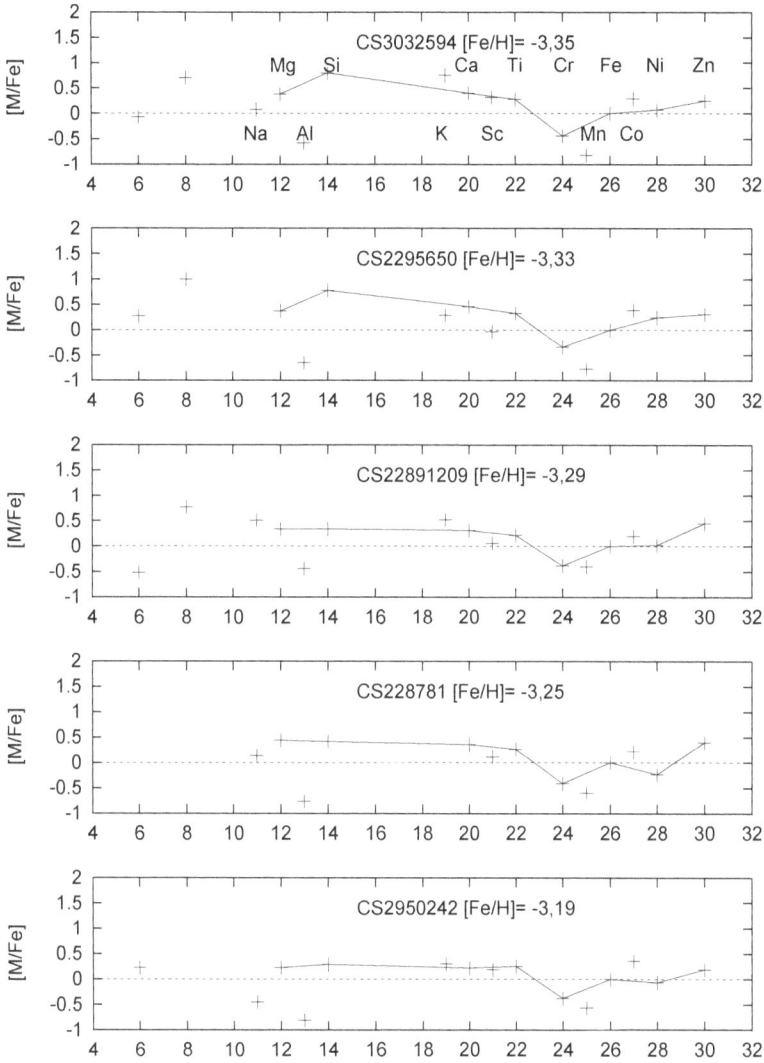

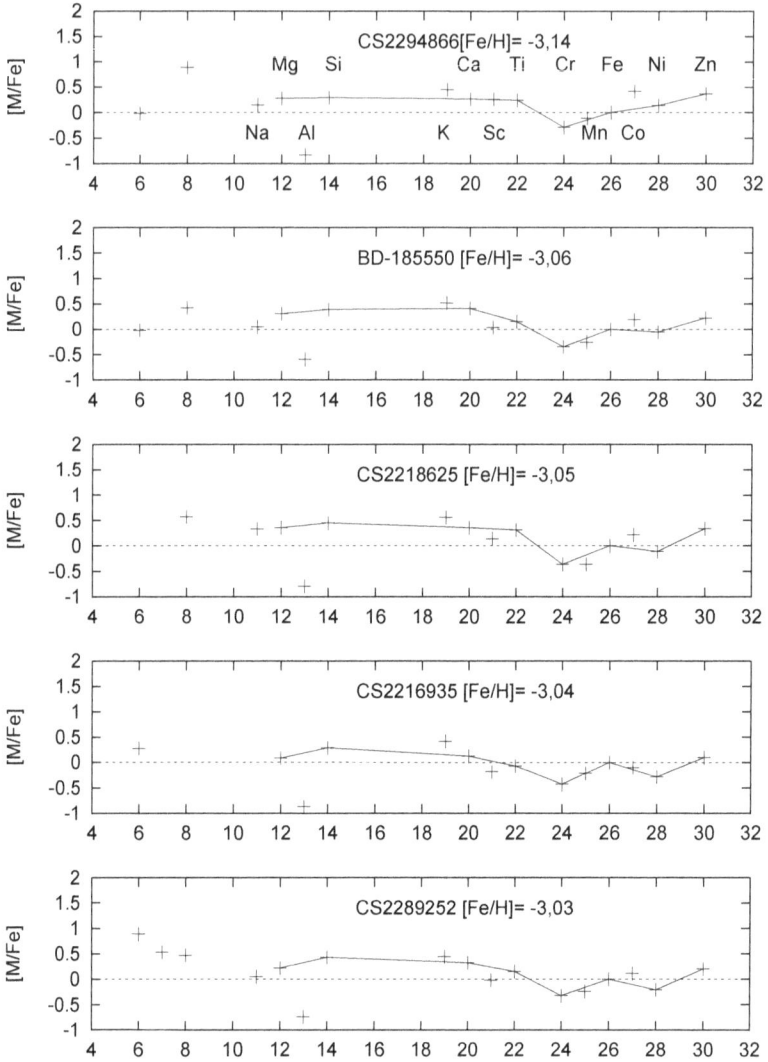

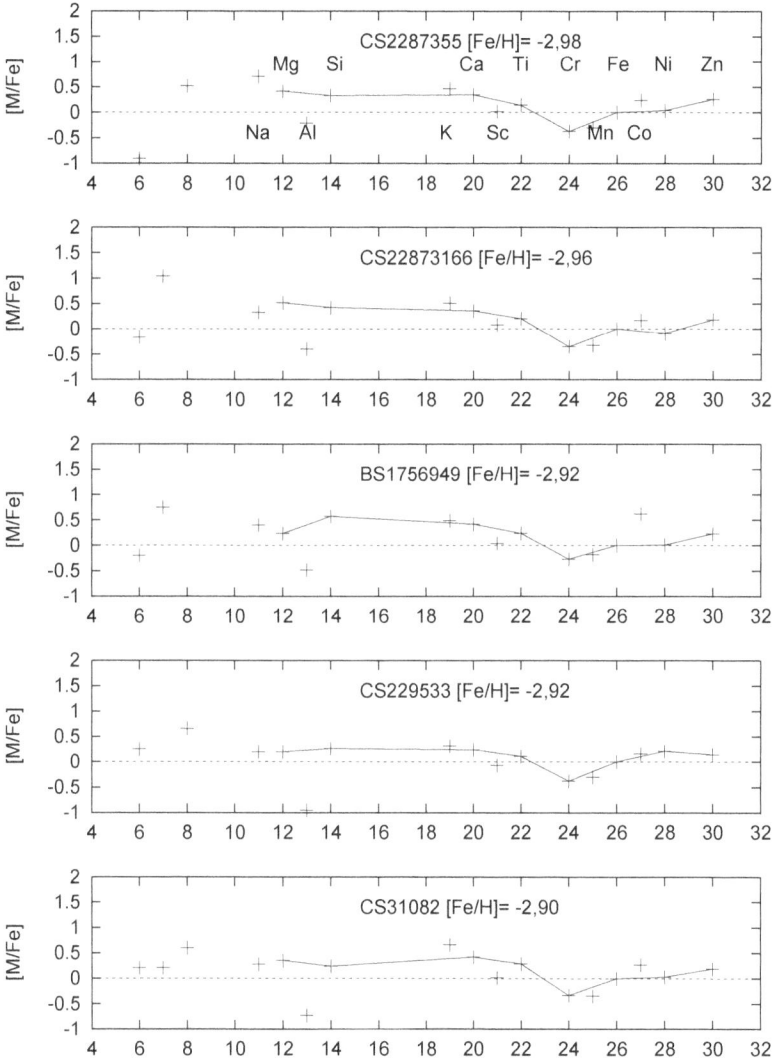

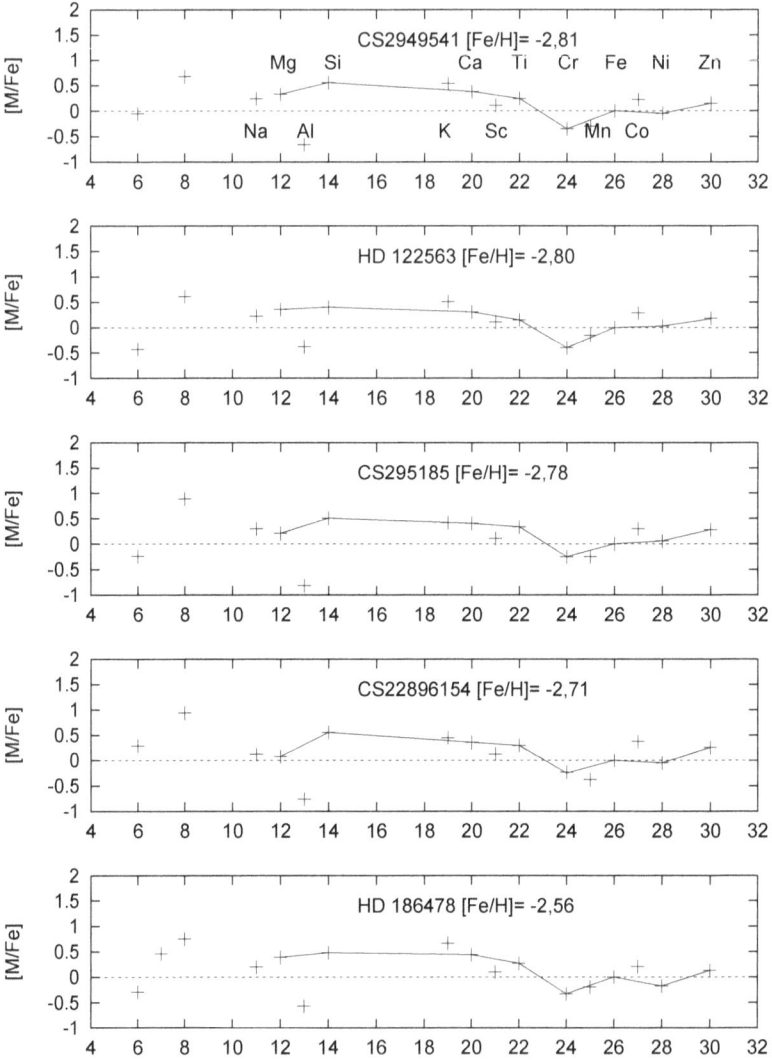

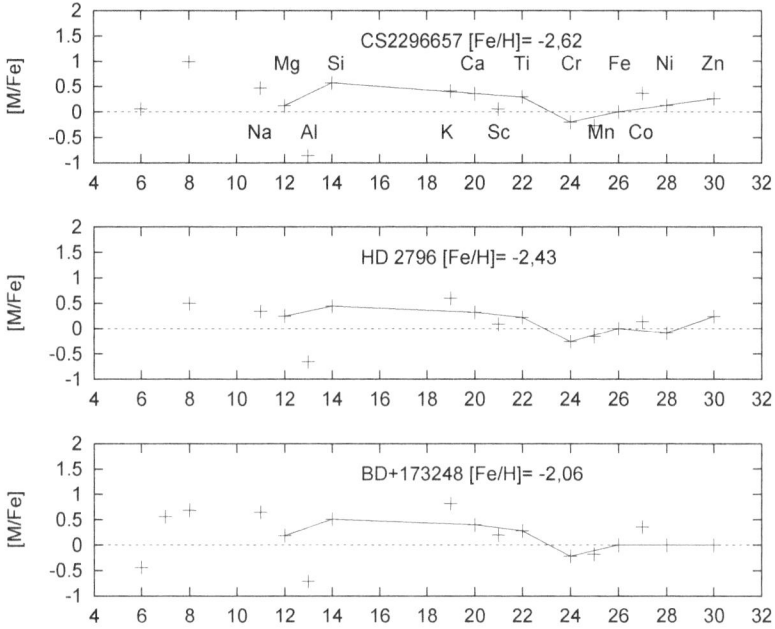

HD 2796		[Fe/H]=−2,43				HD 186478		[Fe/H]=−2,56			
Élément	ε	[M/H]	[M/Fe]	σ	N	Élément	ε	[M/H]	[M/Fe]	σ	N
C	–	–	–	–	–	C	5,60	-2,92	-0,36	–	–
N	–	–	–	–	–	N	5,75	-2,17	0,39	–	–
O	6,95	-1,88	0,55	–	1	O	6,98	-1,85	0,71	–	1
Na	–	–	–	–	–	Na	4,03	-2,30	0,26	0,00	2
Mg	5,46	-2,12	0,31	0,21	4	Mg	5,42	-2,16	0,40	0,07	7
Al	3,58	-2,89	-0,46	0,62	2	Al	3,38	-3,09	-0,53	0,01	2
Si	5,35	-2,20	0,23	–	1	Si	5,47	-2,08	0,48	–	1
K	3,25	-1,87	0,56	–	1	K	3,21	-1,91	0,65	0,23	2
Ca	4,27	-2,09	0,34	0,12	14	Ca	4,22	-2,14	0,42	0,10	16
Sc	0,87	-2,30	0,13	0,10	10	Sc	0,69	-2,48	0,08	0,13	7
TiI	2,84	-2,18	0,25	0,11	24	TiI	2,69	-2,33	0,23	0,06	13
TiII	2,83	-2,19	0,24	0,13	32	TiII	2,72	-2,30	0,26	0,09	26
Cr	2,83	-2,84	-0,41	0,15	5	Cr	2,81	-2,86	-0,30	0,07	7
Mn	2,69	-2,70	-0,27	0,13	7	Mn	2,66	-2,73	-0,17	0,29	6
FeI	5,07	-2,43	0,00	0,08	135	FeI	4,97	-2,53	0,03	0,18	139
FeII	5,06	-2,44	-0,01	0,08	15	FeII	4,90	-2,60	-0,06	0,12	18
Co	2,61	-2,31	0,12	0,08	3	Co	2,59	-2,33	0,23	0,18	4
Ni	3,77	-2,48	-0,05	0,12	6	Ni	3,56	-2,69	-0,13	0,10	3
Zn	2,20	-2,40	0,03	–	1	Zn	2,14	-2,46	0,10	–	1
HD 122563		[Fe/H]=−2,80				BD +17 :3248		[Fe/H]=−2,06			
Élément	ε	[M/H]	[M/Fe]	σ	N	Élément	ε	[M/H]	[M/Fe]	σ	N
C	5,30	-3,22	-0,42	–	–	C	6,02	-2,50	-0,44	–	–
N	–	–	–	–	–	N	6,42	-1,50	0,56	–	–
O	6,63	-2,20	0,60	–	1	O	7,45	-1,38	0,68	–	1
Na	3,77	-2,56	0,24	0,21	2	Na	4,91	-1,42	0,64	–	1
Mg	5,12	-2,46	0,34	0,12	8	Mg	5,70	-1,88	0,18	0,10	7
Al	3,28	-3,18	-0,39	0,08	2	Al	3,70	-2,77	-0,71	0,05	2
Si	5,27	-2,28	0,52	–	1	Si	6,00	-1,55	0,51	0,50	2
K	2,82	-2,30	0,50	–	1	K	3,88	-1,24	0,82	0,16	2
Ca	3,86	-2,50	0,30	0,10	16	Ca	4,69	-1,67	0,39	0,08	14
Sc	0,47	-2,70	0,10	0,10	7	Sc	1,30	-1,87	0,19	0,16	6
TiI	2,33	-2,69	0,11	0,10	14	TiI	3,18	-1,84	0,22	0,08	12
TiII	2,38	-2,64	0,16	0,12	29	TiII	3,28	-1,74	0,32	0,17	29
Cr	2,47	-3,20	-0,40	0,17	7	Cr	3,39	-2,28	-0,22	0,20	6
Mn	2,45	-2,94	-0,14	0,16	5	Mn	3,15	-2,24	-0,18	0,30	6
FeI	4,73	-2,77	0,03	0,18	142	FeI	5,42	-2,04	0,02	0,15	141
FeII	4,66	-2,84	-0,04	0,13	18	FeII	5,43	-2,09	-0,03	0,09	16
Co	2,40	-2,52	0,28	0,14	4	Co	3,21	-1,71	0,35	0,04	2
Ni	3,58	-2,76	0,04	0,08	3	Ni	4,11	-2,14	-0,08	0,17	4
Zn	1,97	-2,63	0,17	–	1	Zn	2,54	-2,06	0,00	–	1

BD –18 5550		[Fe/H]=–3,06				BS 16467–062		[Fe/H]=–3,96		
Élément	ε	[M/H]	[M/Fe]	σ	N	Élément	ε	[M/H]	[M/Fe]	σ	N
C	5,44	-3,08	-0,02	–	–	C	–	–	–	–	–
N	–	–	–	–	–	N	–	–	–	–	–
O	6,19	-2,64	0,42	–	1	O	–	–	–	–	–
Na	3,32	-3,01	0,05	0,06	2	Na	2,33	-4,00	-0,04	–	–
Mg	4,89	-2,75	0,31	0,15	8	Mg	4,14	-3,44	0,52	–	1
Al	2,82	-3,65	-0,59	0,02	2	Al	1,67	-4,80	-0,84	0,02	2
Si	4,88	-2,67	0,39	0,09	2	Si	3,80	-3,75	0,21	–	1
K	2,58	-2,54	0,52	0,03	2	K	1,73	-3,39	0,57	0,10	2
Ca	3,71	-2,65	0,41	0,10	16	Ca	2,98	-3,38	0,58	0,10	5
Sc	0,15	-3,02	0,04	0,09	7	Sc	-0,94	-4,11	-0,15	0,06	2
TiI	2,12	-2,90	0,16	0,04	13	TiI	1,59	-3,43	0,51	0,20	4
TiII	2,10	-2,92	0,14	0,09	13	TiII	1,07	-3,95	0,01	0,11	13
Cr	2,27	-3,40	-0,34	0,10	7	Cr	1,15	-4,52	-0,56	0,05	4
Mn	2,08	-3,31	-0,25	0,10	6	Mn	0,81	-4,58	-0,62	0,28	2
FeI	4,44	-3,06	0,00	0,12	148	FeI	3,55	-3,95	0,01	0,13	63
FeII	4,44	-3,06	0,00	0,10	17	FeII	3,53	-3,97	-0,01	0,17	3
Co	2,05	-2,87	0,19	0,12	3	Co	1,70	-3,22	0,74	0,01	2
Ni	3,14	-3,11	-0,05	0,10	3	Ni	2,56	-3,69	-0,27	–	1
Zn	1,76	-2,84	0,22	–	1	Zn	–	–	–	–	–

CD –38 245		[Fe/H]=–4,04				BS 16477–003		[Fe/H]=–3,42		
Élément	ε	[M/H]	[M/Fe]	σ	N	Élément	ε	[M/H]	[M/Fe]	σ	N
C	–	–	–	–	–	C	5,30	-3,22	0,20	–	–
N	–	–	–	–	–	N	–	–	–	–	–
O	–	–	–	–	–	O	–	–	–	–	–
Na	2,19	-4,14	-0,10	0,05	2	Na	3,00	-3,33	0,09	0,18	3
Mg	3,71	-3,87	0,17	0,08	6	Mg	4,48	-3,10	0,32	0,16	8
Al	1,73	-4,74	-0,70	0,01	2	Al	2,49	-3,98	-0,56	0,05	2
Si	3,68	-3,87	0,17	0,00	2	Si	4,65	-2,90	0,52	0,11	2
K	1,36	-3,76	<0,28	–	1	K	2,17	-2,95	0,47	–	1
Ca	2,52	-3,88	0,20	0,17	8	Ca	3,33	-3,03	0,39	0,14	17
Sc	-0,82	-3,99	0,05	0,00	2	Sc	-0,30	-3,47	-0,05	0,14	7
TiI	1,28	-3,74	0,20	0,05	4	TiI	1,89	-3,13	0,29	0,10	14
TiII	1,29	-3,73	0,21	0,10	20	TiII	1,80	-3,22	0,20	0,10	28
Cr	1,25	-4,42	-0,38	0,12	5	Cr	1,87	-3,80	-0,38	0,11	7
Mn	0,31	-5,08	-1,04	0,03	3	Mn	1,39	-4,00	-0,58	0,15	6
FeI	3,43	-4,07	-0,03	0,20	103	FeI	4,08	-3,42	0,00	0,11	141
FeII	3,51	-3,99	0,05	0,14	6	FeII	4,07	-3,41	0,01	0,09	16
Co	1,25	-3,67	0,37	0,08	3	Co	1,85	-3,07	0,35	0,09	4
Ni	2,05	-4,20	-0,16	0,01	2	Ni	2,88	-3,37	0,05	0,06	3
Zn	1,18	-3,42	0,62	–	1	Zn	1,34	-3,26	0,16	–	1

BS 17569–049		[Fe/H]=–2,92				CS 22172–002		[Fe/H]=–3,80			
Élément	ε	[M/H]	[M/Fe]	σ	N	Élément	ε	[M/H]	[M/Fe]	σ	N
C	5,40	-3,12	-0,20	–	–	C	–	–	–	–	–
N	5,75	-2,17	0,75	–	–	N	–	–	–	–	–
O	–	–	–	–	–	O	–	–	–	–	–
Na	3,81	-2,52	0,40	0,02	2	Na	2,00	-4,33	-0,53	–	–
Mg	4,90	-2,68	0,24	0,20	8	Mg	3,90	-3,68	0,12	–	7
Al	3,07	-3,40	-0,48	0,06	2	Al	1,65	-4,82	-1,02	0,05	2
Si	5,20	-2,35	0,57	0,11	4	Si	3,90	-3,65	0,15	–	1
K	2,69	-2,43	0,49	0,03	2	K	1,75	-3,37	0,43	–	1
Ca	3,86	-2,50	0,42	0,13	16	Ca	2,88	-3,48	0,32	0,17	11
Sc	0,29	-2,88	0,04	0,16	7	Sc	-0,88	-4,05	-0,25	0,06	5
TiI	2,36	-2,66	0,26	0,05	13	TiI	1,63	-3,39	0,41	0,17	11
TiII	2,32	-2,70	0,22	0,12	30	TiII	1,30	-3,72	0,08	0,11	23
Cr	2,48	-3,19	-0,27	0,08	7	Cr	1,30	-4,37	-0,57	0,19	6
Mn	2,29	-3,10	-0,18	0,23	6	Mn	0,45	-4,94	-1,14	0,08	3
FeI	4,60	-2,90	0,02	0,16	145	FeI	3,69	-3,81	0,01	0,15	85
FeII	4,56	-2,94	-0,02	0,10	18	FeII	3,72	-3,78	0,02	0,13	7
Co	2,62	-2,30	0,62	0,09	4	Co	1,58	-3,34	0,46	0,08	2
Ni	3,34	-2,91	0,01	0,07	3	Ni	2,48	-3,77	0,03	–	1
Zn	1,91	-2,69	0,23	–	1	Zn	1,25	-3,35	0,45	–	1

CS 22169–035		[Fe/H]=–3,04				CS 22186–025		[Fe/H]=–3,05			
Élément	ε	[M/H]	[M/Fe]	σ	N	Élément	ε	[M/H]	[M/Fe]	σ	N
C	5,20	-3,32	0,28	–	–	C	–	–	–	–	–
N	–	–	–	–	–	N	–	–	–	–	–
O	–	–	–	–	–	O	–	–	–	–	–
Na	–	–	–	–	–	Na	3,61	-2,72	0,33	0,21	2
Mg	4,63	-2,95	0,09	0,11	8	Mg	4,89	-2,69	0,36	0,14	8
Al	2,56	-3,91	-0,87	0,04	2	Al	2,64	-3,83	-0,78	0,04	2
Si	4,80	-2,75	0,29	0,16	2	Si	4,95	-2,60	0,45	0,04	2
K	2,50	-2,62	0,42	–	1	K	2,63	-2,49	0,56	–	1
Ca	3,45	-2,91	0,13	0,10	16	Ca	3,67	-2,69	0,36	0,12	16
Sc	-0,05	-3,22	-0,18	0,11	7	Sc	0,26	-2,91	0,14	0,06	7
TiI	1,93	-3,09	-0,05	0,02	11	TiI	2,29	-2,73	0,32	0,08	7
TiII	1,88	-3,14	-0,10	0,14	31	TiII	2,27	-2,75	0,30	0,06	26
Cr	2,20	-3,47	-0,43	0,18	7	Cr	2,27	-3,40	-0,35	0,12	7
Mn	2,14	-3,25	-0,21	0,08	6	Mn	1,99	-3,40	-0,35	0,14	4
FeI	4,46	-3,04	0,00	0,19	149	FeI	4,45	-3,05	0,00	0,13	144
FeII	4,46	-3,04	0,00	0,13	19	FeII	4,46	-3,04	0,01	0,09	16
Co	1,78	-3,14	-0,10	0,13	4	Co	2,09	-2,83	0,22	0,12	4
Ni	3,14	-3,11	-0,07	0,43	4	Ni	3,10	-3,15	-0,10	0,14	4
Zn	1,66	-2,94	0,10	–	1	Zn	13,89	-2,71	0,34	–	1

CS 22189–009	ε	[M/H]	[M/Fe]	σ	N
Élément					
C	5,30	-3,22	0,26	–	–
N	–	–	–	–	–
O	–	–	–	–	–
Na	2,54	-3,79	-0,31	0,07	2
Mg	4,23	-3,35	0,13	0,11	8
Al	2,06	-4,41	-0,93	0,03	2
Si	4,35	-3,20	0,28	0,09	2
K	2,03	-3,09	0,39	–	1
Ca	3,08	-3,28	0,20	0,10	15
Sc	-0,32	-3,49	-0,01	0,08	7
TiI	1,67	-3,35	0,13	0,16	14
TiII	1,58	-3,44	0,04	0,11	30
Cr	1,76	-3,91	-0,43	0,13	7
Mn	1,56	-3,48	-0,35	0,22	6
FeI	4,02	-3,48	0,00	0,15	150
FeII	4,02	-3,48	0,00	0,11	11
Co	1,81	-3,11	0,37	0,06	4
Ni	2,82	-3,43	0,05	0,06	3
Zn	1,57	-3,03	0,45	–	1

CS 22189–009 [Fe/H]=–3,48

CS 22873–166	ε	[M/H]	[M/Fe]	σ	N
Élément					
C	5,40	-3,12	-0,16	–	–
N	6,00	-1,92	1,04	–	–
O	–	–	–	–	–
Na	3,69	-2,64	0,32	0,10	2
Mg	5,14	-2,44	0,52	0,18	7
Al	3,11	-3,36	-0,40	0,02	2
Si	5,00	-2,55	0,41	–	1
K	2,66	-2,46	0,50	–	1
Ca	3,76	-2,60	0,36	0,10	16
Sc	0,28	-2,89	0,07	0,10	7
TiI	2,25	-2,77	0,19	0,09	14
TiII	2,25	-2,77	0,19	0,13	30
Cr	2,36	-3,31	-0,35	0,12	7
Mn	2,11	-3,28	-0,32	0,09	6
FeI	4,54	-2,96	0,00	0,19	143
FeII	4,49	-3,01	-0,05	0,11	18
Co	2,12	-2,80	0,16	0,13	4
Ni	3,20	-3,05	-0,09	0,10	3
Zn	1,81	-2,79	0,17	–	1

CS 22873–166 [Fe/H]=–2,96

CS 22873–055	ε	[M/H]	[M/Fe]	σ	N
Élément					
C	4,56	-3,96	-0,98	–	–
N	–	–	–	–	–
O	6,36	-2,47	0,51	–	–
Na	4,05	-2,28	0,70	0,11	2
Mg	5,01	-2,57	0,41	0,14	7
Al	3,28	-3,19	-0,21	0,02	2
Si	4,90	-2,65	0,33	0,01	2
K	2,60	-2,52	0,46	–	1
Ca	3,72	-2,64	0,34	0,09	16
Sc	0,20	-2,97	0,01	0,05	7
TiI	2,19	-2,83	0,15	0,05	13
TiII	2,17	-2,85	0,13	0,11	29
Cr	2,32	-3,35	-0,37	0,09	7
Mn	2,11	-3,28	-0,30	0,13	6
FeI	4,52	-2,98	0,00	0,13	142
FeII	4,51	-2,99	-0,01	0,11	17
Co	2,17	-2,75	0,23	0,09	4
Ni	3,30	-2,95	0,03	0,05	3
Zn	1,87	-2,76	0,25	–	1

CS 22873–055 [Fe/H]=–2,98

CS 22878–101	ε	[M/H]	[M/Fe]	σ	N
Élément					
C	-	-		–	–
N				–	–
O	–	–	–	–	–
Na	3,22	-3,11	0,14	0,04	2
Mg	4,77	-2,81	0,44	0,11	7
Al	2,46	-4,01	-0,76	–	1
Si	4,72	-2,83	0,42	0,29	2
K		–		–	1
Ca	3,47	-2,89	0,36	0,11	14
Sc	0,04	-3,13	0,12	0,10	6
TiI	2,06	-2,96	0,29	0,12	14
TiII	2,02	-3,00	0,25	0,13	28
Cr	2,01	-3,66	-0,41	0,14	7
Mn	1,54	-3,85	-0,60	0,32	6
FeI	4,21	-3,29	-0,04	0,14	141
FeII	4,29	-3,21	0,04	0,07	18
Co	1,89	-3,03	0,22	0,14	4
Ni	2,77	-3,48	-0,23	0,11	3
Zn	1,75	-2,85	0,40	–	1

CS 22878–101 [Fe/H]=–3,25

CS 22885–096		[Fe/H]=–3,95				CS 22892–052		[Fe/H]=–3,03		
Élément	ε	[M/H]	[M/Fe]	σ	N	Élément	ε	[M/H]	[M/Fe]	σ	N
C	4,71	-3,81	0,14	–	–	C	6,38	-2,14	0,89	–	–
N	–	–	–	–	–	N	5,42	-2,50	0,53	–	–
O	–	–	–	–	–	O	–	–	–	–	–
Na	2,38	-3,95	0,00	0,06	2	Na	3,35	-2,98	0,05	0,04	2
Mg	3,86	-3,72	0,24	0,13	7	Mg	4,77	-2,81	0,22	0,13	7
Al	1,93	-4,54	-0,59	0,22	2	Al	2,70	-3,77	-0,74	–	1
Si	4,08	-3,47	0,48	0,27	2	Si	4,95	-2,60	0,43	0,29	2
K	1,48	-3,64	0,31	–	1	K	2,53	-2,59	0,44	–	1
Ca	2,83	-3,53	0,42	0,18	14	Ca	3,65	-2,71	0,32	0,11	14
Sc	-0,58	-3,75	0,20	0,20	6	Sc	0,12	-3,05	-0,02	0,10	6
TiI	1,42	-3,60	0,35	0,08	9	TiI	2,15	-2,87	0,16	0,12	14
TiII	1,39	-3,63	0,22	0,10	21	TiII	2,12	-2,90	0,13	0,13	28
Cr	1,30	-4,37	-0,42	0,16	7	Cr	2,32	-3,35	-0,32	0,14	7
Mn	1,70	-3,69	0,26	0,14	6	Mn	2,12	-3,27	-0,24	0,32	6
FeI	3,55	-3,95	0,00	0,15	122	FeI	4,46	-3,04	-0,01	0,14	141
FeII	3,55	-3,95	0,00	0,12	5	FeII	4,48	-3,02	0,01	0,07	18
Co	1,45	-3,47	0,48	0,06	4	Co	2,00	-2,92	0,11	0,14	4
Ni	2,31	-3,94	0,01	0,06	4	Ni	3,01	-3,24	-0,21	0,11	3
Zn	1,76	-2,84	0,45	–	1	Zn	1,77	-2,83	0,20	–	1

CS 22891–209		[Fe/H]=–3,29				CS 22896–154		[Fe/H]=–2,71		
Élément	ε	[M/H]	[M/Fe]	σ	N	Élément	ε	[M/H]	[M/Fe]	σ	N
C	4,71	-3,81	-0,52	–	–	C	6,10	-2,42	0,29	–	–
N	–	–	–	–	–	N	–	–	–	–	–
O	–	–	–	–	–	O	<7,03	<-1,80	<0,91	–	1
Na	3,55	-2,78	0,51	0,11	2	Na	3,73	-2,60	0,11	0,03	2
Mg	4,63	-2,95	0,34	0,14	8	Mg	4,91	-2,67	0,04	0,23	5
Al	2,75	-3,72	-0,43	0,03	2	Al	2,98	-3,49	-0,78	0,03	2
Si	4,60	-2,95	0,34	0,03	2	Si	5,40	-2,15	0,56	–	–
K	2,35	-2,77	0,52	0,02	2	K	2,86	-2,26	0,45	0,03	2
Ca	3,38	-2,98	0,31	0,09	16	Ca	4,02	-2,34	0,37	0,14	16
Sc	-0,06	-3,23	0,06	0,05	7	Sc	0,58	-2,59	0,12	0,06	6
TiI	1,97	-3,05	0,24	0,04	12	TiI	2,58	-2,44	0,27	0,06	13
TiII	1,92	-3,08	0,21	0,12	30	TiII	2,63	-2,39	0,32	0,12	24
Cr	2,01	-3,66	-0,37	0,16	7	Cr	2,71	-2,96	-0,25	0,11	7
Mn	1,70	-3,69	-0,40	0,14	6	Mn	2,28	-3,11	-0,40	0,17	6
FeI	4,21	-3,29	0,00	0,14	145	FeI	4,79	-2,71	0,00	0,18	143
FeII	4,22	-3,28	0,01	0,11	18	FeII	4,79	-2,71	0,00	0,14	16
Co	1,83	-3,09	0,20	0,07	4	Co	2,55	-2,37	0,34	0,03	3
Ni	2,98	-3,27	0,02	0,04	3	Ni	3,45	-2,80	-0,09	0,12	3
Zn	1,76	-2,84	0,45	–	1	Zn	2,16	-2,44	0,27	–	1

CS 22897–008	ε	[M/H]	[M/Fe]	σ	N
Élément		**[Fe/H]=−3,40**			
C	5,61	-2,91	0,49	–	–
N	–	–	–	–	–
O	–	–	–	–	–
Na	2,77	-3,56	-0,16	0,07	2
Mg	4,43	-3,15	0,25	0,12	8
Al	2,34	-4,13	-0,73	0,06	2
Si	4,55	-3,00	0,40	0,05	2
K	2,17	-2,95	0,45	0,05	2
Ca	3,25	-3,11	0,29	0,11	15
Sc	-0,22	-3,39	0,01	0,05	6
TiI	1,88	-3,14	0,26	0,05	13
TiII	1,80	-3,22	0,18	0,11	26
Cr	1,89	-3,78	-0,38	0,15	7
Mn	1,67	-3,72	-0,32	0,13	6
FeI	4,09	-3,41	-0,01	0,15	140
FeII	4,11	-3,39	0,01	0,15	17
Co	1,94	-2,98	0,42	0,11	4
Ni	2,92	-3,33	0,07	0,12	3
Zn	1,87	-2,73	0,67	–	1

CS 22949–037	ε	[M/H]	[M/Fe]	σ	N
Élément		**[Fe/H]=−3,97**			
C	5,72	-2,80	1,17	–	–
N	6,52	-1,40	2,57	–	–
O	6,84	-1,99	1,98	–	1
Na	4,45	-1,88	2,09	0,03	2
Mg	4,87	-2,71	1,26	0,19	8
Al	3,22	-4,13	-0,16	0,03	2
Si	3,49	-3,25	0,72	–	1
K	1,50	-4,06	-0,09	–	1
Ca	2,49	-3,62	0,35	0,17	10
Sc	-0,45	-3,87	0,10	0,14	5
TiI	0,40	-3,62	0,35	0,09	8
TiII	0,41	-3,61	0,36	0,15	21
Cr	0,89	-4,38	-0,41	0,10	5
Mn	1,70	-4,78	-0,81	0,01	2
FeI	3,51	-3,99	-0,02	0,11	64
FeII	3,56	-3,94	0,03	0,11	6
Co	1,28	-3,64	0,33	0,07	4
Ni	2,19	-4,06	-0,09	0,02	3
Zn	1,29	-3,31	0,66	–	1

CS 22948–066	ε	[M/H]	[M/Fe]	σ	N
Élément		**[Fe/H]=−3,14**			
C	5,36	-3,16	-0,02	–	–
N	–	–	–	–	–
O	6,58	-2,25	0,89	–	1
Na	3,34	-2,99	0,15	0,13	2
Mg	4,72	-2,86	0,28	0,06	7
Al	2,50	-3,97	-0,83	0,07	2
Si	4,70	-2,85	0,29	0,01	2
K	2,43	-2,69	0,45	–	1
Ca	3,49	-2,87	0,27	0,13	17
Sc	0,29	-2,88	0,26	0,03	7
TiI	2,16	-2,86	0,28	0,11	14
TiII	2,08	-2,94	0,20	0,08	28
Cr	2,24	-3,43	-0,29	0,11	7
Mn	2,14	-3,25	-0,11	0,12	6
FeI	4,35	-3,15	-0,01	0,11	145
FeII	4,37	-3,13	0,01	0,06	15
Co	2,20	-2,72	0,42	0,09	4
Ni	3,25	-3,00	0,14	0,05	3
Zn	1,83	-2,77	0,37	–	1

CS 22952–015	ε	[M/H]	[M/Fe]	σ	N
Élément		**[Fe/H]=−3,43**			
C	–	–	–	–	–
N	–	–	–	–	–
O	6,11	-2,72	<0,71	–	1
Na					
Mg	4,15	-3,43	0,00	0,08	8
Al	2,58	-3,89	-0,46	0,00	2
Si	4,45	-3,10	0,33	0,06	2
K	2,18	-2,94	0,49	–	1
Ca	3,08	-3,28	0,15	0,14	16
Sc	-0,37	-3,54	-0,11	0,05	7
TiI	1,69	-3,33	0,10	0,09	14
TiII	1,60	-3,42	0,01	0,11	31
Cr	1,79	-3,88	-0,45	0,15	7
Mn	1,52	-3,87	-0,44	0,23	6
FeI	4,05	-3,45	-0,02	0,14	147
FeII	4,09	-3,41	0,02	0,10	11
Co	1,62	-3,30	0,13	0,10	4
Ni	2,73	-3,52	-0,09	0,10	4
Zn	1,42	-3,18	0,25	–	1

CS 22953–003		[Fe/H]=–2,92				CS 22966–057		[Fe/H]=–2.62		
Élément	ε	[M/H]	[M/Fe]	σ	N	Élément	ε	[M/H]	[M/Fe]	σ	N
C	5,86	-2,66	0,26	–	–	C	5.96	-2.56	0.06	–	–
N	–	–	–	–	–	N	–	–	–	–	–
O	6,57	-2,26	0,66	–	1	O	–	–	–	–	–
Na	3,61	-2,72	0,20	0,01	2	Na	4.19	-2.14	0.48	0.18	2
Mg	4,86	-2,72	0,20	0,08	7	Mg	5.07	-2.51	0.11	0.19	7
Al	2,60	-3,87	-0,95	0,05	2	Al	2.99	-3.48	-0.86	0.08	2
Si	4,90	-2,65	0,27	0,03	2	Si	5.50	-2.05	0.57	0.17	2
K	2,52	-2,60	0,32	–	1	K	2.90	-2.22	0.40	0.01	2
Ca	3,68	-2,68	0,24	0,13	17	Ca	4.09	-2.27	0.35	0.10	16
Sc	0,18	-2,99	-0,07	0,09	7	Sc	0.59	-2.58	0.04	0.08	7
TiI	2,23	-2,79	0,13	0,09	14	TiI	2.70	-2.32	0.30	0.04	12
TiII	2,18	-2,84	0,08	0,08	29	TiII	2.68	-2.34	0.28	0.08	27
Cr	2,37	-3,30	-0,38	0,08	7	Cr	2.85	-2.82	-0.20	0.07	7
Mn	2,17	-3,22	-0,30	0,08	6	Mn	2.50	-2.89	-0.27	0.15	6
FeI	4,59	-2,91	0,01	0,14	147	FeI	4.88	-2.62	0.00	0.121	48
FeII	4,57	-2,93	-0,01	0,10	17	FeI	4.87	-2.63	-0.01	0.12	16
Co	2,16	-2,76	0,16	0,09	4	Co	2.66	-2.26	0.36	0.06	4
Ni	3,54	-2,71	0,21	0,48	4	Ni	3.75	-2.50	0.12	0.02	3
Zn	1,82	-2,78	0,14	–	1	Zn	2.23	-2.37	0.25	–	1

CS 22956–050		[Fe/H]=–3,33				CS 22968–014		[Fe/H]=–3,55		
Élément	ε	[M/H]	[M/Fe]	σ	N	Élément	ε	[M/H]	[M/Fe]	σ	N
C	5,46	-3,05	0,28	–	–	C	5,26	-3,26	0,29	–	–
N	–	–	–	–	–	N	–	–	–	–	–
O	6,50	-2,33	<1,00	–	1	O	–	–	–	–	–
Na	–	–	–	–	–	Na	2,41	-3,92	-0,37	0,03	2
Mg	4,62	-2,96	0,37	0,11	8	Mg	4,22	-3,36	0,19	0,13	8
Al	2,49	-3,98	-0,65	0,11	2	Al	2,14	-4,33	-0,78	0,03	2
Si	4,87	-2,68	0,66	0,03	2	Si	4,20	-3,35	0,20	0,02	2
K	2,08	-3,04	0,29	–	1	K	1,78	-3,34	0,21	0,12	2
Ca	3,49	-2,87	0,46	0,13	17	Ca	2,83	-3,53	0,02	0,17	17
Sc	-0,19	-3,36	-0,03	0,07	7	Sc	-0,34	-3,51	0,04	0,07	7
TiI	2,04	-2,98	0,35	0,04	14	TiI	1,58	-3,44	0,11	0,12	14
TiII	1,99	-3,03	0,30	0,12	30	TiII	1,48	-3,54	0,01	0,12	28
Cr	2,00	-3,67	-0,34	0,12	7	Cr	1,67	-4,00	-0,45	0,16	7
Mn	1,29	-4,10	-0,77	0,10	6	Mn	1,57	-3,82	-0,27	0,20	6
FeI	4,18	-3,32	0,01	0,13	145	FeI	3,93	-3,57	-0,02	0,15	151
FeII	4,16	-3,34	-0,01	0,10	17	FeII	3,97	-3,53	0,02	0,10	10
Co	1,98	-2,94	0,39	0,10	4	Co	1,92	-3,00	0,55	0,11	4
Ni	3,17	-3,08	0,25	0,49	4	Ni	3,12	-3,13	0,42	0,42	4
Zn	1,58	-3,02	0,31	–	1	Zn	1,47	-3,13	0,42	–	1

CS 29495–041		[Fe/H]=–2,81			CS 29518–051		[Fe/H]=–2,78		
Élément	ε	[M/H]	[M/Fe]	σ	N	Élément	ε	[M/H]	[M/Fe]	σ	N

Élément	ε	[M/H]	[M/Fe]	σ	N	Élément	ε	[M/H]	[M/Fe]	σ	N
C	5,66	-2,86	-0,05	–	–	C	5,50	-3,02	-0,24	–	–
N	–	–	–	–	–	N	–	–	–	–	–
O	6,75	-2,08	0,73	–	1	O	6,63	-2,20	0,58	–	1
Na	3,75	-2,58	0,23	0,05	2	Na	3,86	-2,47	0,31	0,01	2
Mg	5,07	-2,51	0,30	0,14	7	Mg	5,01	-2,47	0,23	0,11	7
Al	2,99	-3,48	-0,67	0,04	2	Al	2,86	-3,58	-0,80	0,07	2
Si	5,30	-2,25	0,56	0,03	2	Si	5,28	-2,27	0,51	0,02	2
K	2,84	-2,28	0,53	0,01	2	K	2,76	-2,36	0,42	0,13	2
Ca	3,91	-2,45	0,36	0,09	16	Ca	3,99	-2,37	0,41	0,09	16
Sc	0,48	-2,69	0,12	0,09	7	Sc	0,48	-2,69	0,09	0,08	7
TiI	2,42	-2,60	0,21	0,04	12	TiI	2,55	-2,47	0,31	0,04	12
TiII	2,46	-2,56	0,25	0,10	29	TiII	2,60	-2,42	0,36	0,09	30
Cr	2,51	-3,16	-0,35	0,07	7	Cr	2,64	-3,03	-0,25	0,09	7
Mn	2,28	-3,11	-0,30	0,20	6	Mn	2,36	-3,03	-0,25	0,14	5
FeI	4,69	-2,81	0,00	0,15	147	FeI	4,75	-2,75	0,03	0,13	143
FeII	4,69	-2,81	0,00	0,10	17	FeII	4,69	-2,81	-0,03	0,13	10
Co	2,32	-2,60	0,21	0,14	4	Co	2,43	-2,49	0,29	0,08	4
Ni	3,38	-2,87	-0,06	0,01	3	Ni	3,53	-2,72	0,06	0,03	3
Zn	1,93	-2,67	0,14	–	1	Zn	2,09	-2,51	0,27	–	1

CS 29502–042		[Fe/H]=–3,19			CS 30325–094		[Fe/H]=–3,35		

Élément	ε	[M/H]	[M/Fe]	σ	N	Élément	ε	[M/H]	[M/Fe]	σ	N
C	5,56	-2,96	0,23	–	–	C	5,10	-3,42	-0,07	–	–
N	–	–	–	–	–	N	–	–	–	–	–
O	–	–	–	–	–	O	6,23	-2,60	0,75	–	1
Na	2,69	-3,64	-0,45	0,03	2	Na	3,06	-3,27	0,08	0,15	2
Mg	4,62	-2,96	0,23	0,19	8	Mg	4,61	-2,97	0,38	0,14	7
Al	2,47	-4,00	-0,81	0,11	2	Al	2,54	-3,93	-0,58	0,05	2
Si	4,65	-2,90	0,29	0,04	2	Si	5,00	-2,55	0,80	0,05	2
K	2,23	-2,89	0,30	–	1	K	2,52	-2,60	0,75	–	1
Ca	3,39	-2,97	0,22	0,13	17	Ca	3,41	-2,95	0,40	0,11	17
Sc	0,17	-3,00	0,19	0,13	7	Sc	0,14	-3,03	0,32	0,09	7
TiI	2,09	-2,93	0,26	0,06	13	TiI	1,93	-3,09	0,26	0,05	13
TiII	2,07	-2,95	0,24	0,09	30	TiII	1,96	-3,06	0,29	0,10	29
Cr	2,11	-3,56	-0,37	0,09	7	Cr	1,88	-3,79	-0,44	0,09	7
Mn	1,64	-3,75	-0,56	0,19	6	Mn	1,22	-4,17	-0,82	0,05	4
FeI	4,31	-3,19	0,00	0,11	150	FeI	4,14	-3,36	-0,01	0,14	142
FeII	4,31	-3,19	0,00	0,15	11	FeII	4,16	-3,34	0,01	0,13	8
Co	2,09	-2,83	0,36	0,07	4	Co	1,86	-3,06	0,29	0,08	3
Ni	3,00	-3,25	-0,06	0,07	3	Ni	2,97	-3,28	0,07	0,03	3
Zn	1,60	-3,00	0,19	–	1	Zn	1,50	-3,10	0,25	–	1

CS 31082–001		[Fe/H]=–2,90			
Élément	ε	[M/H]	[M/Fe]	σ	N
C	5,82	-2,70	0,20	–	–
N	<5,22	<2,70	<+0,2	–	–
O	6,52	-2,31	0,59	–	1
Na	3,70	-2,63	0,27	0,02	2
Mg	5,02	-2,56	0,35	0,12	7
Al	2,83	-3,64	-0,74	–	1
Si	4,89	-2,66	0,24	–	1
K	2,87	-2,25	0,65	0,08	2
Ca	3,87	-2,49	0,41	0,11	15
Sc	0,28	-2,89	0,01	0,07	7
TiI	2,37	-2,65	0,25	0,09	14
TiII	2,43	-2,59	0,31	0,14	28
Cr	2,43	-3,24	-0,34	0,11	7
Mn	2,14	-3,25	-0,35	0,09	6
FeI	4,60	-2,90	0,00	0,13	120
FeII	4,58	-2,92	0,02	0,11	18
Co	2,28	-2,64	0,26	0,11	4
Ni	3,37	-2,88	0,02	0,02	3
Zn	1,88	-2,72	0,18	0,00	2

Chapitre 5

Évolution chimique de la Galaxie

Sommaire

5.1 Modèles d'évolution chimique

On dispose maintenant de grilles d'ejecta de supernovæ en fonction de leur masse et de leur métallicité : Woosley et Weaver (1995); Umeda et Nomoto (2002); Limongi et al. (2000).

Tous ces modèles incluent des supernovæ très déficientes en métaux qui permettent de représenter les ejecta des toutes premières supernovæ qui ont explosé dans la Galaxie. Connaissant la durée de vie des progéniteurs de ces supernovæ et la fonction de masse initiale, on peut en déduire, moyennant quelques hypothèse supplémentaires, comment ont évolués les rapports d'abondance des différents éléments au cours du temps.

Ainsi, Goswami et Prantzos (2000) partent d'un gaz ayant la composition chimique du gaz primordial (H, He, D) et l'enrichissent petit à petit par les vents stellaires et les ejecta de supernovæ. Ils supposent qu'à la mort de la supernova, ses ejecta sont immédiatement mélangés au milieu interstellaire (autrement dit, à un moment donné, la composition chimique est supposée être uniforme). Par ailleurs, pendant la phase halo, un puissant flux de matière est supposé être éjecté du halo (probablement vers le bulbe galactique). Dans ce modèle la phase halo dure environ un milliard d'années.

Nakamura et al. (1999) considèrent deux types de modèles de halo : un premier bien mélangé (identique à celui de Goswami et Prantzos (2000)), et un second «sans mélange». Dans ce dernier modèle, ils considèrent qu'il n'y a pas de mélange et que la composition chimique des étoiles XMP est le produit d'une seule supernova. À [Fe/H]= $-4, 0$, on voit un milieu enrichi par des SNII de $25M_\odot$, à [Fe/H]= $-3, 0$ un milieu enrichi par des SNII de $20M_\odot$ et à

[Fe/H]$= -2,5$ des SNII de $13M_\odot$. Finalement ces deux types de modèles ne conduisent pas à des résultats très différents, et nous avons ici privilégié le modèle dit « mélangé ».

Bien sur, le résultat des calculs des modèles d'évolution chimique de la galaxie dépend beaucoup des ejecta de supernovæ. Ainsi, Goswami et Prantzos (2000) utilisent les ejecta prédits par Woosley et Weaver (1995), alors que Umeda et Nomoto (2002) font varier la coupure en masse et l'énergie de l'explosion des supernovæ, ce qui change les rapports d'abondance des éléments éjectés.

Notre échantillon d'étoiles privilégie les étoiles extrêmement déficientes ([Fe/H]$< -2,7$) mais pour comparer la variation des rapports d'abondance quand la métallicité croît aux prédictions des modèles d'évolution chimique de la Galaxie, il serait intéressant d'étendre notre échantillon vers les étoiles moins déficientes (par exemple $-2,7 <$[Fe/H]$< -2,0$). Comme, à l'exception notable du magnésium, nous avons observé un très bon accord enter nos mesures et celles de Johnson (2002), et que la précision de ses mesures est analogue à celle que nous atteignons, nous avons joint son échantillon d'étoiles au nôtre, chaque fois que cela était possible.

Dans toute cette section nous allons en particulier comparer les tendances des rapports [X/Fe] en fonction de [Fe/H] aux prédictions de Goswami et Prantzos (2000).

5.1.1 Le carbone et l'oxygène

Après l'hydrogène et l'hélium, ce sont les éléments les plus abondants dans l'Univers. Ils sont tous les deux fabriqués lors de la fusion de l'hélium.

Les supernovæ massives fabriquent beaucoup plus d'oxygène que les SNI, c'est pourquoi la variation du rapport [O/Fe] dans la Galaxie est une contrainte forte pour les modèles d'évolution chimique.

-**Carbone** Le carbone est synthétisé dans toutes les supernovæ massives ou de masse intermédiaires. Le ^{12}C (isotope le plus abondant) est synthétisé pendant la phase de fusion de l'hélium, alors que le ^{13}C l'est pendant la phase de fusion de l'hydrogène. Lorsque l'on se limite aux étoiles les plus chaudes, dans lesquelles le carbone n'a pas été détruit, on trouve que dans les étoiles XMP du halo, le rapport [C/Fe] a une valeur proche de $\approx +0,2$. Notons que Johnson (2002) n'a pas mesuré le carbone dans les étoiles de son échantillon. Cette valeur de $0,2$ est légèrement supérieure aux prévisions du modèle de Goswami et Prantzos (2000), comme on peut le voir à la figure 5.1 page ci-contre ;

-**Oxygène** l'oxygène est essentiellement synthétisé dans les supernovæ massives pendant la phase de fusion de l'hélium. Les modèles d'évolution chimique de la Galaxie prédisent dans le halo galactique un rapport [O/Fe] valant $\approx +0,5$ dex. La figure 5.2 page suivante montre notre mesure du rapport [O/Fe] dans notre échantillon et les prédictions théoriques de Goswami et Prantzos (2000) et Shirouzu et al. (2003). J'ai montré que l'abondance de l'oxygène est difficile à mesurer dans les étoiles extrêmement déficientes, que seules les mesures de cette abondances, faites à partir de la raie interdite (dont la longueur d'onde vaut $630,031$ nm) sont fiables et que ces mesures doivent toutefois être corrigées de l'effet du à la granulation qui varie en fonction de la métallicité (voir le paragraphe 4.3.2 page 41). Johnson (2002) n'a pas mesuré l'oxygène dans son échantillon, et, pour agrandir notre échantillon, nous avons ajouté à nos mesures celles de Nissen et Edvardsson (1992) et Nissen et al. (2001) qui ont été faites dans des conditions analogues pour des étoiles moins déficientes et pour lesquelles la correction 1D-3D a été appliquée. On constate un assez bon accord entre prédictions et observations. On constate aussi que la dispersion des points est beaucoup plus grande aux faibles métallicités ce qui semble indiquer que les abondances observées dans ces étoiles sont le résultat d'un très petit

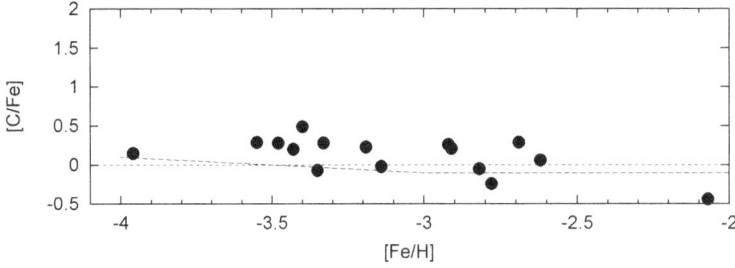

FIG. 5.1 – Évolution de l'abondance du carbone avec la métallicité. Les • sont nos mesures. La courbe en tirets représente les prédictions de Goswami et Prantzos (2000). Nous n'avons pas fait apparaître sur cette courbe les deux étoiles suivantes : CS 22949–037 et CS22892–052, car elles sont toutes les deux « riches en CH ».

nombre de supernovae. On notera qu'une légère augmentation du rapport [O/Fe] aux très faibles métallicités, telle qu'elle est prédite par Goswami et Prantzos (2000); Shirouzu et al. (2003), n'est pas incompatible avec nos mesures.

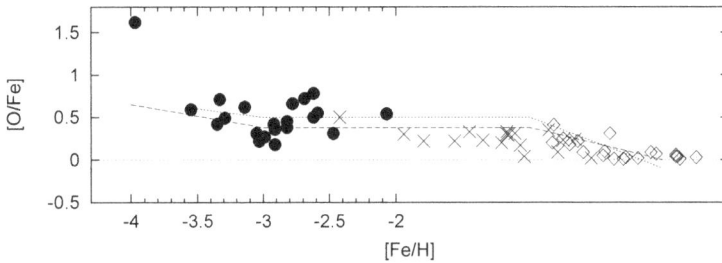

FIG. 5.2 – Évolution de l'abondance de l'oxygène avec la métallicité. Les • sont nos mesures, les × sont les mesures de Nissen et Edvardsson (1992) et les ◇ cellesNissen et al. (2001). La courbe en tirets représente les prédictions de Goswami et Prantzos (2000), celle en pointillés les prédictions de Shirouzu et al. (2003).

5.1.2 Les autres éléments α

Nous rassemblons dans cette section le magnésium (figure 5.3 page suivante), le silicium (figure 5.4 page suivante), le calcium (figure 5.5 page 93) et le titane (figure 5.6 page 93) car leur comportement dans les étoiles très déficientes semble assez analogue. Rappelons que à la figure 5.3 page suivante, les abondances de magnésium de Johnson (2002) ont été diminuées de $0,3$ dex (voir section 4.3.2 page 41). Les abondances que l'on détermine pour chacun de ces quatre éléments sont légèrement supérieures à l'abondance solaire, et ne présentent pas d'évolution sensible avec la métallicité.

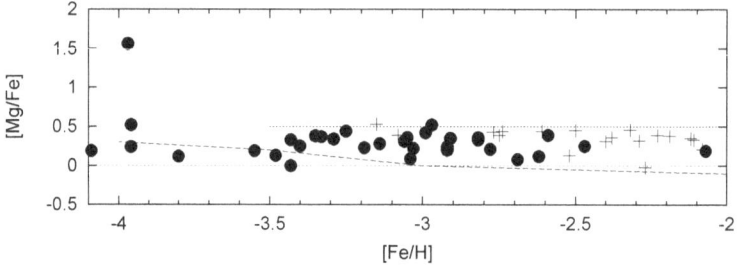

FIG. 5.3 – Évolution de l'abondance du magnésium avec la métallicité. Les • sont nos mesures, les +, celles de Johnson (2002). La courbe en tirets représente les prédictions de Goswami et Prantzos (2000), celle en pointillés les prédictions de Shirouzu et al. (2003).

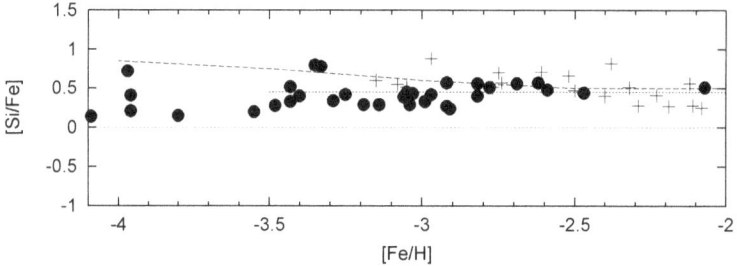

FIG. 5.4 – Évolution de l'abondance du silicium avec la métallicité. Les • sont nos mesures, les +, celles de Johnson (2002). La courbe en tirets représente les prédictions de Goswami et Prantzos (2000), celle en pointillés les prédictions de Shirouzu et al. (2003).

Lorsque l'on compare les relations [X/Fe] en fonction de [Fe/H] pour ces éléments on constate que les prévisions des modèles d'évolution chimique de la Galaxie de Goswami et Prantzos (2000) représentent assez bien les courbes du calcium du silicium mais que la variation des rapports [Mg/Fe] et [Ti/Fe] est mal représentée. Goswami et Prantzos (2000) remarquent dans les calculs de Woosley et Weaver (1995) que la quantité de Mg et Ti éjectée par les supernovae dépend beaucoup de leur métallicité ce qui est inattendu pour des éléments supposés être « primaires ». Pour espérer représenter les observations il faudrait augmenter le rapport [Mg/Fe] dans les ejectas des supernovae massives. Timmes et al. (1995) avaient aussi observé ce phénomène et avaient finalement trouvé un accord raisonnable avec les observations en diminuant d'un facteur 2 la quantité de fer éjectée prédite par Woosley et Weaver (1995).

Récemment, Shirouzu et al. (2003) ont calculé de nouveaux ejecta de supernovæ massives à faible métallicité pour différentes masses et différentes énergies d'explosion. Ils montrent que l'on fabrique d'autant plus de silicium, de calcium et de titane que l'énergie de l'explosion est grande. En favorisant ces fortes énergies, pour les supernovæ massives, on obtient un bien meilleur accord avec les observations, comme on peut le voir sur les figures 5.3, 5.4, 5.5 et 5.6

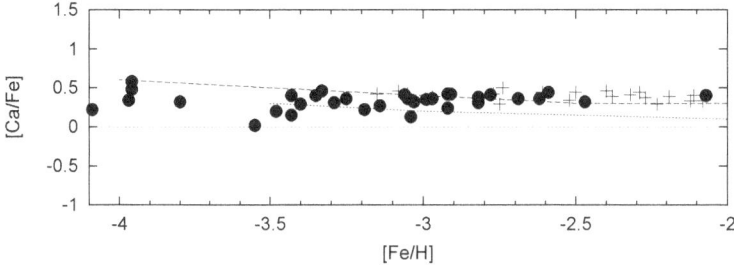

FIG. 5.5 – Évolution de l'abondance du calcium avec la métallicité. Les • sont nos mesures, les +, celles de Johnson (2002). La courbe en tirets représente les prédictions de Goswami et Prantzos (2000), celle en pointillés les prédictions de Shirouzu et al. (2003).

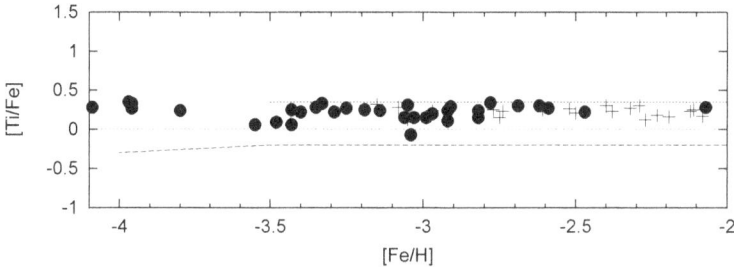

FIG. 5.6 – Évolution de l'abondance du titane avec la métallicité. Les • sont nos mesures, les +, celles de Johnson (2002). La courbe en tirets représente les prédictions de Goswami et Prantzos (2000), celle en pointillé les prédictions de Shirouzu et al. (2003).

5.1.3 Métaux légers impairs : sodium et aluminium

Le sodium et l'aluminium sont deux éléments impairs, synthétisés pendant la fusion hydrostatique de carbone (Al et Na) et la fusion du néon (Al) ; ils sont produits par les SN II en moindre quantité que les éléments pairs qui ont un nombre de protons juste voisin. Cette moindre production se traduit par l'effet « pair / impair ». L'importance de cet effet dépend de la métallicité de la supernova. En effet, la production de ces éléments dans les supernovæ dépend de l'excès neutronique η, défini au paragraphe 1.2 page 9. Presque tous les éléments abondants ayant un nombre égal de neutrons et de protons, seul le ^{22}Ne (composé de 10 protons et de 12 neutrons) peut créer dans le milieu un excès de neutrons important.

Le ^{22}Ne se forme à partir du ^{14}N pendant la fusion de l'hélium. Plus la quantité de ^{14}N sera importante à ce moment, plus l'excès neutronique sera important. Mais, le ^{14}N est lui-même issu de la transformation du ^{12}C lors de la fusion de l'hydrogène (voir le cycle CNO, détaillé à la figure 1.1 page 8).

En conséquence, si il y a très peu de ^{12}C dans le progéniteur de la supernova, (par exemple une étoile très déficiente en métaux, et donc en ^{12}C), on ne formera que très peu de ^{14}N, et ainsi, l'excès neutronique sera faible.

L'effet «pair/impair» est donc renforcé dans les étoiles très déficientes en métaux. (Chez Limongi et al. (2000) on trouve que la supernova à métallicité solaire éjecte une matière où le rapport Al/Mg est 13 fois plus grand que dans la matière éjectée par la supernova sans métaux. Ce rapport n'est que de 3 chez Woosley et Weaver (1995)).

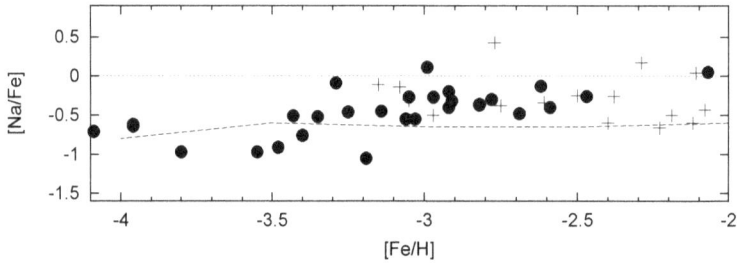

FIG. 5.7 – Évolution de l'abondance du sodium avec la métallicité. Les • sont nos mesures, corrigées des effets hors ETL, les +, celles de Johnson (2002). La courbe en tirets représente les prédictions de Goswami et Prantzos (2000).

À la figures 5.7 on constate que les modèles d'évolution chimique de la Galaxie de Goswami et Prantzos (2000) représentent assez bien la variation moyenne du rapport [Na/Fe] en fonction de [Fe/H]. Le rapport [Na/Fe] est faible dans le halo ($\approx 0, 5$ dex) puisque l'excès neutronique est faible. Par contre, après correction des effets dus aux écarts à l'ETL, le rapport [Al/Fe] dans le halo (voir la figure 5.8 page ci-contre) reste pratiquement solaire, ce qui s'explique mal pour un élément sensible à l'excès neutronique. Il est possible qu'à partir de [Fe/H]= $-3, 5$ le rapport [Al/Fe] décroisse avec la métallicité, mais cela reste à confirmer. Il est possible que la correction de NLTE pour les raies bleues de l'aluminium ait été surévaluée : rappelons que la correction est forte et que nous avons utilisé une correction calculée pour des modèles d'étoiles sous-géantes. Je me propose de calculer ces corrections de NLTE pour des modèles plus voisins de ceux de nos étoiles. Nous ne disposons pas des modèles de Shirouzu et al. (2003) ni pour le sodium, ni pour l'aluminium.

5.1.4 Le potassium et le scandium

Le potassium et le scandium sont deux éléments impairs essentiellement fabriqués lors de la fusion explosive de l'oxygène. Selon Timmes et al. (1995) et Goswami et Prantzos (2000), le potassium est fabriqué pendant la phase hydrostatique de la fusion de l'oxygène alors que le scandium est formé pendant la fusion explosive de l'oxygène lors de l'explosion de la supernova. Selon Samland (1998)) et Takeda et al. (2002), le potassium lui aussi est formé pendant la fusion explosive de l'oxygène. D'après Woosley et Weaver (1995) les quantités de potassium et de scandium éjectées par les supernovae dépendent pareillement de la métallicité de l'étoile. Mais selon Limongi et al. (2000) la quantité de potassium éjectée dépend fortement de la métallicité alors que la quantité de scandium reste pratiquement constante. Comme on peut le voir, beaucoup d'incertitudes entourent encore la formation de ces éléments.

Les seules raies de potassium disponibles dans les étoiles très déficientes sont sensibles,

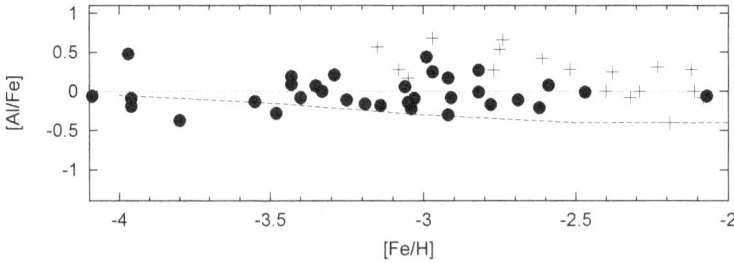

FIG. 5.8 – Évolution de l'abondance de l'aluminium avec la métallicité. Les • sont nos mesures, corrigées des effets hors ETL, les +, celles de Johnson (2002). La courbe en tirets représente les prédictions de Goswami et Prantzos (2000).

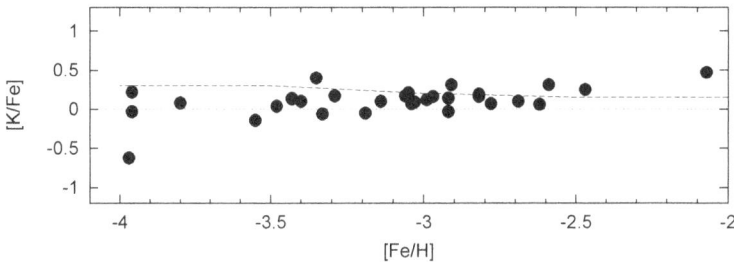

FIG. 5.9 – Évolution de l'abondance du potassium avec la métallicité. Les • sont nos mesures,corrigées des effets hors ETL, les + celles de Johnson (2002), la courbe en tirets représente les prédictions de Goswami et Prantzos (2000).

elles aussi, aux écart à l'ETL.

Après cette correction (figure 5.9) il y a un assez bon accord entre les observations ([K/Fe] ≈ 0, 1) et les prévisions de Goswami et Prantzos (2000) dans le halo mais ils font remarquer que le rapport [K/Fe] est très sensible à la fonction de masse initiale adoptée.

Pour le scandium l'accord est moins bon : le modèle ne prédit pas assez de scandium dans le halo. Un point frappant est que le potassium bien qu'étant un élément impair est plutôt surabondant dans le halo. Nous ne disposons pas des prédictions de Shirouzu et al. (2003) pour ces éléments.

5.1.5 Les éléments du pic du fer

Nous allons étudier dans ce paragraphe le comportement du chrome, du manganèse, du cobalt, du nickel et du zinc. Les différents isotopes des divers éléments qui appartiennent au pic du fer sont produits par divers processus principalement lors de la fusion explosive du silicium. Les isotopes ayant des masses supérieures à 56 sont produits aussi par capture de neutrons pendant la fusion hydrostatique de l'hélium et du carbone.

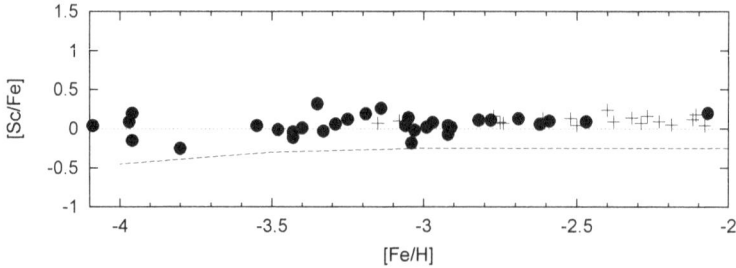

FIG. 5.10 – Évolution de l'abondance du scandium avec la métallicité. Les • sont nos mesures, les +, celles de Johnson (2002). La courbe en tirets représente les prédictions de Goswami et Prantzos (2000).

La production de ces éléments est sensible à de nombreux facteurs mal connus tels la coupure de masse, l'excès neutronique, l'énergie de l'explosion. Cela rend les prédictions des quantités de ces éléments éjectées par les supernovae assez incertaines.

Les éléments pairs

Le chrome le nickel et le zinc sont produits soit pendant la phase de fusion compète du silicium, soit pendant sa phase de fusion incomplète. Une grande énergie d'explosion favorise une coupur de masse plus profonde et favorise donc l'expulsion des produits de la phase de fusion complète (Umeda et Nomoto, 2002), ce qui renforce la production de Ni et surtout de Zn. Par ailleurs, le Ni et le Zn peuvent également être fabriqués par capture de neutrons durant la fusion de l'hélium.

Chrome Le chrome est fabriqué lors de la phase de fusion incomplète du silicium. Sur la figure 5.11 page ci-contre, on constate que dans le halo l'abondance de chrome décroît très régulièrement avec la métallicité. Goswami et Prantzos (2000) trouvent que cette abondance devrait rester constante dans le halo. Woosley et Weaver (1995) ne prévoient pas de variation du rapport [Cr/Fe] avec la métallicité. Et cependant on observe une corrélation très significative. Cette corrélation forte entre le fer et le chrome devrait permettre de contraindre la coupure en masse qui est définie comme étant la limite entre ce qui est réellement expulsé par la supernova, et ce qui retombe sur le rémanent. En effet, le modèle de Nakamura et al. (1999), qui suppose que la coupure de masse entre la matière éjectée et l'étoile à neutron est plus faible dans les supernovæ plus massives, permet de mieux rendre compte des observations.

Nickel Le nickel est fabriqué lors de la phase de fusion complète du silicium. D'après le modèle de Goswami et Prantzos (2000), on attend une abondance de Nickel décroissante vers les faibles métallicités (entre [Fe/H]= −2 et [Fe/H]= −4). En fait le rapport [Ni/Fe] reste à une valeur solaire dans tout le halo (voir figure 5.12 page suivante). Le modèle de Nakamura et al. (1999) rend mieux compte des observations.

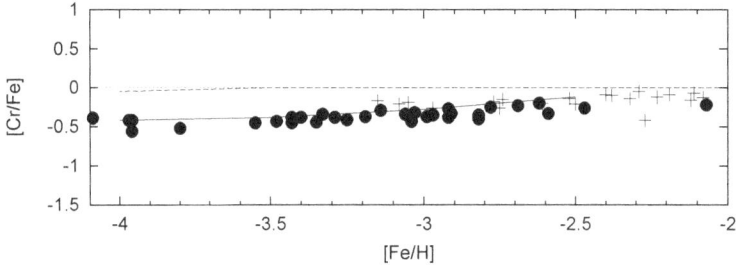

FIG. 5.11 – Évolution de l'abondance du chrome avec la métallicité. Les • sont nos mesures, les +, celles de Johnson (2002). La courbe en tirets représente les prédictions de Goswami et Prantzos (2000), celle en trait plein, les prédictions de Nakamura et al. (1999).

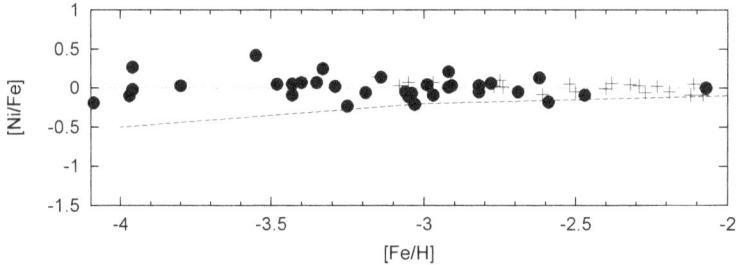

FIG. 5.12 – Évolution de l'abondance du nickel avec la métallicité. Les • sont nos mesures, les +, celles de Johnson (2002). La courbe en tirets représente les prédictions de Goswami et Prantzos (2000).

Zinc Il est lui aussi porduit lors de la phase de fusion complète du silicium. La figure 5.13 page suivante montre clairement que l'abondance du Zinc augmente lorsque la métallicité décroit, ce qui n'est pas prévu par le modèle d'évolution chimique de Goswami et Prantzos (2000), (voir la figure 4.21 page 54).

Umeda et Nomoto (2002) proposent une explication simultanée des tendances observées pour Cr, Mn, Fe, Co et Zn, éléments qui se forment tous lors de la fusion explosive du silicium.

Ils proposent que les SN de population III (c'est à dire ayant une métallicité nulle) les plus massives (et qui donc, explosent en premier) produisent une coupure en masse telle que l'abondance du fer sera plus faible. En même temps, l'énergie des supernovæ sera plus grande, l'excès neutronique sera différent, l'extension des zones de fusion différente et il y aura mélange entre les deux couches : celle dans laquelle la fusion du silicium est complète et celle dans laquelle cette fusion n'est qu'incomplète. Dans ces supernovæ massives, le Co et le Zn sont renforcés, le Cr et le Mn diminués, et la production de fer est faible.

Malheureusement, cette explication n'est satisfaisante que qualitativement, car elle produit notamment un excès de Ni par rapport au fer, et comme on peut le voir sur la figure 5.12, cet effet n'est pas observé. Elle n'est pas non plus suffisante pour expliquer la forte surabondance du cobalt.

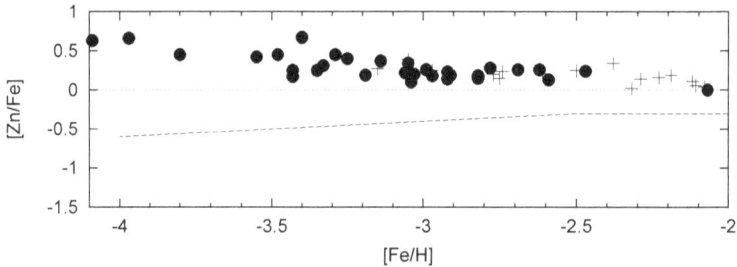

FIG. 5.13 – Évolution de l'abondance du zinc avec la métallicité. Les • sont nos mesures, les +, celles de Johnson (2002). La courbe en tirets représente les prédictions de Goswami et Prantzos (2000).

Les éléments impairs

Le manganèse et le chrome sont produits pendant la phase de fusion du silicium en équilibre statistique nucléaire

Manganèse   La dispersion observée dans l'abondance du manganèse est beaucoup plus importante (voir la figure 4.18 page 52). Carretta et al. (2002) l'avaient aussi noté. Si l'on admet que deux régimes peuvent s'être superposés dans cette figure, le premier caractérisé par une forte croissante de l'abondance en manganèse entre [Fe/H]= −4 et [Fe/H]= −3 avec une dispersion assez importante, puis un régime après −3, 0 présentant une pente beaucoup plus faible, et une dispersion nettement moins grande, alors on peut probablement exclure l'existence d'objets supermassifs (Heger et Woosley, 2002). En effet, d'après ces auteurs, une des signatures de ces objets massifs est précisément un rapport [Cr/Fe] constant, alors que le rapport [Mn/Fe] doit décroître. Nous constatons bien la décroissance du rapport [Mn/Fe] quand la métallicité décroît mais le rapport [Cr/Fe] décroît également. Notons que la décroissance du rapport [Mn/Fe] avec la métallicité est assez bien représentée par le modèle de Goswami et Prantzos (2000). Il est moins bien représenté par les modèles de Nakamura et al. (1999) mais il faut noter que la fabrication de cet élément impair est très sensible à l'excès neutronique et à l'énergie de l'explosion (Kobayashi, *comm. priv.*).

Cobalt   Nos mesures montrent que dans le halo, l'abondance du cobalt semble croître légèrement quand la métallicité décroît. Ceci est inattendu pour un élément impair, et n'est pas prévu par le modèle de Goswami et Prantzos (2000) qui suggèrent que l'effet pair-impair est sans doute surestimé pour cet élément par Woosley et Weaver (1995) l'effet est moindre dans les supernovae étudiées par Limongi et al. (2000). Le modèle de Nakamura et al. (1999) explique tout aussi mal le comportement du cobalt. Tout se passe comme si le rapport [Co/Fe] devait être multiplié par 5 dans les ejecta de supernovæ pour qu'il soit compatible avec nos observations. Umeda et Nomoto (2002) expliquent le comportement du Cr, du Mn, du Co et

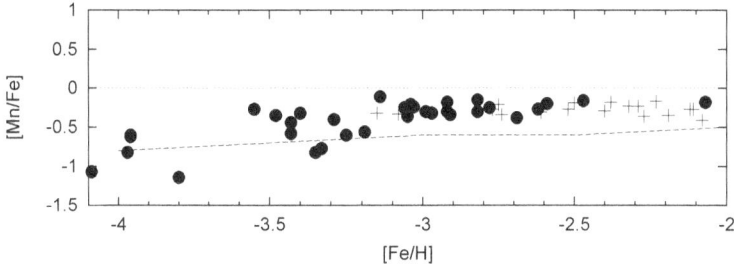

FIG. 5.14 – Évolution de l'abondance du manganèse avec la métallicité. Les • sont nos mesures, les +, celles de Johnson (2002). La courbe en pointillés représente les prédictions de Goswami et Prantzos (2000).

du Zn en faisant varier les différents paramètres qui affectent les ejecta des supernovae. Ils ont conclu qu'aucun changement de la coupure de masse, de l'excès neutronique ou de l'énergie de l'explosion ne permet de rendre compte des observations...

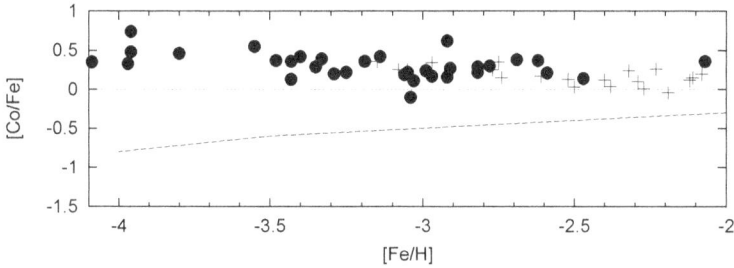

FIG. 5.15 – Évolution de l'abondance du cobalt avec la métallicité. Les • sont nos mesures, les +, celles de Johnson (2002). La courbe en pointillés représente les prédictions de Goswami et Prantzos (2000).

5.2 Discussion

Comme on vient de le voir, les modèles théoriques représentent assez difficilement les observations.

Résumons brièvement ce que l'on a montré pour les éléments :

- le carbone. Son abondance est correctement représentée par le modèle de Goswami et Prantzos (2000), qui utilise les calculs d'ejectas de supernovæ de Woosley et Weaver (1995) ;
- les éléments α. Les prédictions théoriques pour l'oxygène et le calcium sont en bon accord avec nos mesures, dans l'intervalle de métallicité $[-4,0;-2,0]$. Au contraire, le magnésium, le silicium et le titane semblent plus problématiques. En effet, aucun de ces trois

élément n'est prédit de manière réellement satisfaisante par le modèle de Goswami et Prantzos (2000). Pour résoudre ces difficultés, Shirouzu et al. (2003), en faisant vairer plusieurs paramètres (énergie de l'explosion, coupure en masse, ...) arrivent à des prédictions en bon accord avec nos mesures, mais qui sont limitées à ces 5 éléments ;

- les élements impairs. Le sodium et le potassium sont étudiés par Goswami et Prantzos (2000) et leurs prédictions sont en bon accord avec nos mesures. Par contre, le scandium est largement sous-produit par leur modèle ainsi que l'aluminium, au moins pour les métallicités les plus fortes (au dessus de $-3, 0$) ;

- les éléments du pic du fer. C'est pour ces éléments que les écarts entre prédictions de Goswami et Prantzos (2000) et observations sont les plus importants. Pour résoudre ce désaccord, Nakamura et al. (1999) font varier l'énergie de l'explosion et la quantité de matière éjectée (coupure en masse), et parviennent ainsi à une meilleure représentation des observations. Le Cr et le Mn sont des produits de la phase de combustion incomplète du silicium, qui décroissent lorsque la coupure en masse est plus profonde. Au contraire du Ni, du Co et du Zn, produits lors de la phase de fusion complète du silicium, qui eux, croissent quand la coupure en masse est plus profonde et l'énergie de l'explosion plus forte (mais ils ne prédisent que les éléments du pic du fer.).

Il semble alors que la principale faiblesse de ces modèles d'évolution chimique de la Galaxie est le calcul des ejectas des supernovæ massives. En effet, ces calculs sont tributaires d'un grand nombre de variables, dont les valeurs, pour certaines, ne sont pas bien connues. Citons par exemple l'énergie de l'explosion ou le choix de la coupure en masse.

Pour l'instant, les modèles de supernovæ ne permettent pas une bonne représentation des rapports d'abondance des éléments observés au début de la vie de la Galaxie. Des déterminations d'abondances sur des objets primitifs va donc permetre de contraindre ces modèles de supernovæ, en apportant des contraintes observationnelles fortes sur l'état de la Galaxie dans son premiers milliard d'année. Et des modèles de supernovæ plus précis vont donc permettre d'affiner les prédictions des modèles d'évolution chimique de la Galaxie, qui, sans doute, pourront prédire plus précisément les rapports d'abondances en fonction de la métallicité.

Conclusion et perspectives

1 Principaux résultats

Cette thèse avait pour objet l'étude de l'évolution chimique de la Galaxie, au travers la détermination de la composition chimique détaillée de 33 étoiles géantes du halo.

Dans une première partie, nous avons décrit nos méthodes de réduction des données et nous avons ainsi vu que, par une réduction homogène des spectres de ces 33 étoiles, les données obtenues nous permettaient d'attendre des précisions très grandes dans les déterminations des abondances. Les abondances d'une vingtaine d'éléments ont pu être déterminées dans notre échantillon de géantes.

Quelques résultats peuvent être rappelés ici :

- l'oxygène a pu être mesuré pour la première fois dans un échantillon aussi grand d'étoiles ayant des métallicités aussi faibles. Il semble, en analysant la raie interdite dont la longueur d'onde est 630.031 nm que le rapport [O/Fe] reste constant quelle que soit la métallicité, ou présente une très faible pente. Ce résultat semble contredire les observations de Israelian et al. (1998); Boesgaard et al. (1999) ;
- on constate que la dispersion des abondances est bien plus importante quand la métallicité des étoiles est inférieure à $-3, 0$. Cette valeur de $-3, 0$ est inférieure à celle qui était jusqu'alors adoptée. Cela nous permet de poser des contraintes fortes sur à la fois les modèles de supernovæ, qui doivent entre autre pouvoir expliquer l'existence d'étoiles dont la composition chimique est «extrême» telle CS 22949–037, mais aussi sur les modèles d'évolution chimique de la Galaxie, qui doivent être capable de représenter l'ensemble de notre échantillon ;
- les effets de nucléosynthèse apparaissent clairement à toutes les métallicités : l'effet «pair-impair» se traduit entre autres, par des dispersion des abondances bien plus fortes pour les éléments pairs que pour les éléments impairs ;
- le rapport [K/Fe] a été étudié pour la première fois de manière systématique dans les étoiles du halo ;
- le zinc semble rester surabondant par rapport au fer, quelle que soit la métallicité, et on observe même une augmentation de cette surabondance pour les métallicités les plus faibles. Cet effet pourrait avoir des conséquences cosmologies importantes car le zinc est un des éléments que l'on peut observer dans les raies d'absorption des quasars et il est utilisé comme traceur de la métallicité.

En règle générale, la dispersion des rapports d'abondances en fonction de la métallicité est faible. Pour le Mg, le Cr et dans une moindre mesure le Ca, elle peut s'expliquer par la seule dispersion due aux erreurs de mesure (en excluant bien sur, l'étoile très déficiente CS 22949–037).

Cela implique, soit une relation très étoite entre les taux de production de ces éléments et le fer, soit un très bon mélange de la matière dans la Galaxie même primitive, l'un n'excluant pas l'autre.

Nous avons montré, en comparant nos observations aux modèles théoriques d'évolution de la Galaxie, que des modèles utilisant les éjecta de supernovæ calculés par Woosley et Weaver (1995) ne semblent pas bien représenter les rapports d'abondances dans les étoiles du halo. Lorsque la coupure en masse et l'énergie de l'explosion sont supposées être des fonctions de la masse de la supernova, on parvient a un meilleur accord. Il semble toutefois difficile de représenter à la fois les variations du rapport [Cr/Fe] et celles du rapport [Co/Fe].

L'étude d'étoiles ayant des composition chimique très déficientes en métaux pose des contraintes observationnelles très importantes pour les théoriciens des supernovæ. Les étoiles que nous observons n'ayant «subi» qu'un nombre très limité de générations d'étoiles, il est nécessaire que les modèles de supernovæ puissent produire les étoiles que nous voyons. À ce titre, l'étoile CS 22949–037 a nécessité de modifier les modèles déjà existants de supernovæ pour que son existence puisse être prédite, *a posteriori.*

2 Développements – Perspectives

Au cours de ce travail, quelques points importants sur lesquels il est nécessaire de revenir sont apparus.

- Tout d'abord, il faudra recalculer l'abondance de l'azote dans nos étoiles en utilisant la bande de NH. Pour cela, il faudra disposer de données physiques concernant les vibrations de cette molécule ;
- comme on l'a vu lors de la détermination de l'abondance de l'oxygène, il est crucial que les effets de granulation de la surface des étoiles soient pris en compte. Pour le moment, ces calculs n'ont été fait que pour des étoiles naines et pour des étoiles sous-géantes. Il faudra les effectuer pour notre type d'étoiles, à savoir les étoiles géantes ;
- on a vu que certains éléments (notamment l'aluminium, le sodium et le potassium) étaient particulièrement sensibles à des effets hors ETL. Nos modèles n'intègrent pas ces perturbations, et nous avons appliqué celles calculées pour d'autres types d'étoiles. Il faudra déterminer avec précisions quelles sont ces effets pour nos types d'étoiles ;
- ce travail ne présente que les résultats des abondances des éléments les plus légers. La détermination de la composition chimique de nos étoiles en éléments lourds, tels le baryum, l'europium, etc. est la prochaine étape de mon travail sur cet échantillon d'étoiles.

Dans le cadre de ce «Large Program» nous avons étudié les deux tiers des étoiles les plus déficientes du relevé de Beers et al. (1992). Si l'on veut augmenter notre échantillon d'étoiles très déficientes du halo, il faut se tourner vers d'autres sources d'étoiles. À ce titre, le relevé Hambourg/Eso (Christlieb, 2000) est une source potentielle importante d'étoiles très déficientes. Mais il peut être aussi intéressant de s'intéresser aux galaxies proches de notre Galaxie, pour comparer leur histoire et leurs évolutions chimiques respectives.

Annexe A

Acronymes usuels

ASCII American Standard Code for Information Interchange

CCD Charge Coupled Device

ESO European Southern Observatory

ETL Équilibre thermodynamique local

FITS Flexible Image Transport System

MIS Milieu interstellaire

VLT Very Large Telecope

Annexe B

Programmes

Programme B.1 – **Clef.pl**

```perl
#!/usr/bin/perl

##############################
# IDENTIFICATION   Clef.pl
# LANGUAGE         Perl
# AUTHOR           E.Depagne
# ENVIRONMENT      UNIX
# KEYWORDS         utilitaire fits
# PURPOSE          Recherche de mots clefs fits particuliers
##############################

##    Copyright 2001 Eric DEPAGNE, All Rights Reserved.
##    This program is free software; you can redibute it and/or modify
##    it under the terms of the GNU General Public License as
#    published by
##    the Free Software Foundation; either version 2 of the License,
#    or
##    (at your option) any later version.
##
##    This program is distributed in the hope that it will be useful,
##    but WITHOUT ANY WARRANTY; without even the implied warranty of
##    MERCHANTABILITY or FITNESS FOR A PARTICULAR PURPOSE.  See the
##    GNU General Public License for more details.


use strict;
my $Resultat ;my $mon_resultat;
my $i;
my $fichiers;
my $clef;
my $format; my $FORMAT; my $chaine;
my @KEYS;
```

```perl
my @fichier_fits ; my $test ;
my %ASSOC ;

MAIN : {
&fonction ;
 if ($#ARGV==-1 ){
&usage}
$format ="clef_\t_valeur_";
$FORMAT = "fichier\t";
 for($i=1;$i<=$#ARGV+1;$i++) {
$FORMAT = $FORMAT.$format ;
}
$Resultat = "Log";
system "rm_-rf_/home/edepagne/Temp/$Resultat";
if (! -d "/home/edepagne/Temp/") {mkdir "/home/edepagne/Temp/",0755};
open (RESULTAT, ">/home/edepagne/Temp/Log") or die "/home/edepagne/
     Temp/$Resultat_ne_peut_etre_ouvert\n";
$i=0;
@fichier_fits = (<*.fits>);
foreach $fichiers (@fichier_fits) {
$chaine = $fichiers."_";
foreach $clef (@ARGV) {
        $clef = uc($clef);
        %ASSOC=&Recherche_Mots_clef($fichiers, $clef) ;
     $chaine=$chaine."\t".$ASSOC{$clef}
}
     $i=$i+1;
print RESULTAT ($i."\t".$chaine, "\n");
}
print "Le_fichier_log_est_:_/home/eric/Temp/$Resultat_\n";
close (RESULTAT);
}
###############################
# Recherche_Mots_clef  Recherche des mots clefs dans le fichier fits
   Search for key words values in FITS header
# Inputs :    Filename= fichier fits
#        @key = tableau contenant les mots clef entres en argument
# Outputs :   %assoc   = table de hachage entre le mot clef et sa
   valeur
#               :      $test  = code de retour de l'existence du
   mot clef
###############################
sub Recherche_Mots_clef {
        my ($Filename, @key)=@_ ;
        my ( %assoc, $mot, $pos, $param, $line, $subparam, $x,
            $y, $position, $code);
        open (IM,"<$Filename") or die "$Filename_ne_peut_etre_lu\n";
        $line=<IM>;
```

```perl
        foreach  $mot  (@key) {
                ($x,$y)=&myindex ($line,$mot) ;
                if ($y eq "NULL"){
                print "pb_avec_le_mot-clef_$x\n_dans_le_fichier_
                    $Filename\n"; print "Il_n'existe_probablement_pas\
                    n";
                }
          else { print "mot_clef:_$x\t_dont_la_valeur_est_:_$y_\n";
          $assoc{"$mot"} =$y ; }
        }
        close IM ;
        return %assoc ;
}
sub usage {
print "Erreur_dans_l'utilisation_de_ce_script.\n\n";
print "usage:_$0_nom_des_mots_clef_dont_on_cherche_la_valeur._\n\n";
print "Si_le_mot_clef_contient_des_blancs,_il_faut_l'entourer_de_\"_
   ou_de_'\n";
print "car_ce_script_s'arrete_a_la_première_occurence_du_premier_
   terme.\n";
print "Pour_avoir_la_liste_complete_des_mots_clefs,_utiliser_le_
   script_Keyword.pl\n";
exit 0;
}
sub fonction {
print "Cet_script_recupere_la_valeur_des_mots-clef_passés_en_argument
   \n";
print "et_sauvegarde_le_resultat_dans_un_fichier_\n";
}
sub verification{
        my ($chaine,$mot)=@_;
        my $longueur ; my $test_chaine ;
        my $test;my $i ; my $resultat;
        my @Keyword; my $elem;

          if ($chaine =~ m/$mot/){
          $resultat = 1;
          return ($chaine, $resultat);
          }

        (@Keyword)=split (/\ /,$chaine);
        $resultat =0;
        foreach $elem (@Keyword){
                if ($elem =~ m/$mot/){
                        $resultat = 1;
                         return ($elem,$resultat);
                }
                if ($elem eq "END"){
```

```
                            $resultat =0;
                            return ($elem,$resultat);
                  }
                  }

        return ($elem, $resultat);
}
sub myindex {
        my ($ligne, $mot)= @_;
        my $mot_clef;my $Keyword;my $position;my $chaine;
        my $verif;my $x; my $y; my $indice;
        my $long; my $elem;

$indice=0; $verif=0;
while ($verif!=1){
        $chaine = substr($ligne, $indice,80);
         if ($chaine =~ m/^CHECKSUM/ ){
                $verif=0;
           print "On_a_trouve_le_mot_CHECKSUM_au_debut_de_la_ligne_\n_
                 ";
           $y="NULL";
                   return ($mot,$y);
                 }
        ($Keyword)= split ( /\//,$chaine);
        ($x,$y) = split (/=/,$Keyword);
        if ($y =~ m/'(.*)/)_{
_____$y=~_s/'//g;
                 }
        ($elem,$verif)=&verification($x, $mot);
        $indice += 80;
        }
        return ($elem, $y);
        }
```

```perl
#!/usr/bin/perl -w
##############################
# IDENTIFICATION $Id : Clef.pl
# LANGUAGE        Perl
# AUTHOR          E.Depagne
# ENVIRONMENT     UNIX
# KEYWORDS        utilitaire fits
# PURPOSE         Recherche de mots clefs fits particulierss
##############################
##    Copyright 2001 Eric Depagne, All Rights Reserved.
##    This program is free software; you can redistribute it and/or
   modify
##    it under the terms of the GNU General Public License as
   published by
##    the Free Software Foundation; either version 2 of the License,
   or
##    (at your option) any later version.
##
##    This program is distributed in the hope that it will be useful,
##    but WITHOUT ANY WARRANTY; without even the implied warranty of
##    MERCHANTABILITY or FITNESS FOR A PARTICULAR PURPOSE. See the
##    GNU General Public License for more details.


MAIN : {
if ($#ARGV!=-0 ){ &usage};
$filename=$ARGV[0];
@KEYWORD=&FitsKeywords($ARGV[0]);
for ( $i=0;$i<scalar @KEYWORD; $i++){
        print $KEYWORD[$i],"\n";
        }
exit 0;
}
##############################
#Sous routine d'extraction des mots clefs d'un fichier FITS
#Input : Filename
#Output : Table contenant l'ensembe des mots clefs du fichier
##############################
sub FitsKeywords {
        local ($filename)=@_;
        local (%KEYWORD, $ligne,$noend, $i);
        open (FICHIER,"<$filename") or die "$filename can't be read\n
             ";
#On fixe la variable de test a 1;
        $noend=1;
        $i=0;
```

109

```
#Tant que cette valeur est 1, alors
     while ($noend) {
#On ligne le fichier 80 caracters, par 80
                 read (FICHIER,$ligne,80);
                 $_=$ligne;
#Si il y a END au debut de la ligne, alors on est a la fin des Mots
   clefs. on passe la valeur de test a 0, ce qui l'arrete.
                 if (/^END/) { $noend=0; }
#      print $ligne,"\n";
                 ($subparam)=split(/\//,$ligne) ;
 #     print "subparam vaut $subparam\n";
                 ($x)=split(/\=/,$subparam);
#                print "x vaut $x\n";
         $KEYWORD[$i]=$x;
           $i++;
       }
     close FICHIER;
     return @KEYWORD;
}
sub usage {
print "usage_:_$0_Nom_du_fichier.fits\n";
exit 0;
}
```

Annexe C

Modèles retenus pour nos étoiles

TAB. C.1 – Présentation des étoiles géantes observées – Modèles retenus.

Étoile	Température (K)	Gravité	Vitesse de microturbulence $km.s^{-1}$
HD 2796	4990	1,6	2,3
HD 122563	4600	1,1	2,0
HD 186478	4600	1,1	2,0
BD +17 3248	5250	2,3	1,5
BD −18 5550	4750	1,2	2,0
BS 16467–062	5100	3,0	1,7
BS 16477–003	4800	1,4	1,8
BS 17569–049	4650	1,0	2,0
CD −38 245	4900	1,7	2,0
CS 22169–035	4700	1,0	2,2
CS 22172–002	4700	1,0	3,0
CS 22186–025	4850	1,2	2,2
CS 22189–009	4900	1,7	2,0
CS 22873–055	4450	0,7	2,2
CS 22873–166	4450	0,4	2,3
CS 22885–096	4900	2,0	1,8
CS 22891–209	4700	0,8	2,5
CS 22892–052	4850	1,6	1,9
CS 22896–154	5150	2,5	1,5
CS 22897–008	4900	1,7	2,0
CS 22948–066	5100	1,8	2,0
CS 22949–037	4900	1,5	2,0
CS 22952–015	4800	0,9	2,5
CS 22953–003	5000	2,0	1,6
CS 22956–050	4900	1,7	1,8
CS 22966–057	5300	2,0	1,5
CS 22968–014	4800	1,5	2,0
CS 29495–041	4800	1,6	1,8
CS 29502–042	4900	1,5	2,0
CS 29518–051	4900	2,0	1,4
CS 30325–094	4800	1,8	1,6

Annexe D

Photométrie

HD 2796		$E_{(B-V)}$ =0,01		T_{eff}=4950
V	$(\mathbf{B-V})_\circ$	$(\mathbf{V-R})_\circ$	$(\mathbf{V-K})_\circ$	$(\mathbf{V-I})_\circ$
8,52	0,72	0,68	–	–
T_{eff}	4905	4943		
HD 122563		$E_{(B-V)}$ =0,00		T_{eff}=4600
V	$(\mathbf{B-V})_\circ$	$(\mathbf{V-R})_\circ$	$(\mathbf{V-K})_\circ$	$(\mathbf{V-I})_\circ$
6,20	0,90	0,81	2,51	–
T_{eff}	4653	4586	4550	
HD 186478		$E_{(B-V)}$ =0,09		T_{eff}=4700
V	$(\mathbf{B-V})_\circ$	$(\mathbf{V-R})_\circ$	$(\mathbf{V-K})_\circ$	$(\mathbf{V-I})_\circ$
7,31	0,84	0,76	–	–
T_{eff}	4726	4690		
BD + 17 : 32488		$E_{(B-V)}$ =0,06		T_{eff}=5250
V	$(\mathbf{B-V})_\circ$	$(\mathbf{V-R})_\circ$	$(\mathbf{V-K})_\circ$	$(\mathbf{V-I})_\circ$
9,37	0,60	0,59	1,89	–
T_{eff}	5386	5238	5240	
BD − 18 : 5550		$E_{(B-V)}$ =0,12		T_{eff}=4750
V	$(\mathbf{B-V})_\circ$	$(\mathbf{V-R})_\circ$	$(\mathbf{V-K})_\circ$	$(\mathbf{V-I})_\circ$
9,36	0,79	0,81	2,37	–
T_{eff}	4801	4598	4704	
CD − 38°245		$E_{(B-V)}$ =0,00		T_{eff}=4900
V	$(\mathbf{B-V})_\circ$	$(\mathbf{V-R})_\circ$	$(\mathbf{V-K})_\circ$	$(\mathbf{V-I})_\circ$
12,01	0,76	0,73	2,30	1,30
T_{eff}	4841	4806	4778	4700
BS 16467 − 062		$E_{(B-V)}$ =0,00		T_{eff}=5100
V	$(\mathbf{B-V})_\circ$	$(\mathbf{V-R})_\circ$	$(\mathbf{V-K})_\circ$	$(\mathbf{V-I})_\circ$
14,10	0,59	0,60	1,99	1,08
T_{eff}	5380	5234	5153	5120

Table à suivre

Photométrie des étoiles observées

BS 16477 − 003	$E_{(B-V)}$ =0,00			T_{eff}=4800
V	$(B-V)_\circ$	$(V-R)_\circ$	$(V-K)_\circ$	$(V-I)_\circ$
14,19	0,75	0,68	2,31	1,23
T_{eff}	4847	4975	4770	4817

BS 17569 − 49	$E_{(B-V)}$ =0,03			T_{eff}=4650
V	$(B-V)_\circ$	$(V-R)_\circ$	$(V-K)_\circ$	$(V-I)_\circ$
13,36	0,86	−	2,45	−
T_{eff}	4718		4614	

CS 22169 − 035	$E_{(B-V)}$ =0,03			T_{eff}=4700
V	$(B-V)_\circ$	$(V-R)_\circ$	$(V-K)_\circ$	$(V-I)_\circ$
12,88	0,86	−	2,47	1,41
T_{eff}	4718		4593	4527

CS 22172 − 002	$E_{(B-V)}$ =0,06			T_{eff}=4800
V	$(B-V)_\circ$	$(V-R)_\circ$	$(V-K)_\circ$	$(V-I)_\circ$
12,73	0,75	−	2,29	1,26
T_{eff}	4854		4784	4770

CS 22186 − 25	$E_{(B-V)}$ =0,00			T_{eff}=4850
V	$(B-V)_\circ$	$(V-R)_\circ$	$(V-K)_\circ$	$(V-I)_\circ$
14,23	0,74	0,71	2,22	1,23
T_{eff}	4867	4861	4875	4823

CS 22189 − 009	$E_{(B-V)}$ =0,02			T_{eff}=4900
V	$(B-V)_\circ$	$(V-R)_\circ$	$(V-K)_\circ$	$(V-I)_\circ$
14,04	0,70	0,68	−	−
T_{eff}	4917	4968		

CS 22873 − 055	$E_{(B-V)}$ =0,03			T_{eff}=4550
V	$(B-V)_\circ$	$(V-R)_\circ$	$(V-K)_\circ$	$(V-I)_\circ$
12,65	0,90	0,81	2,60	1,45
T_{eff}	4670	4577	4463	4473

CS 22873 − 166	$E_{(B-V)}$ =0,03			T_{eff}=4550
V	$(B-V)_\circ$	$(V-R)_\circ$	$(V-K)_\circ$	$(V-I)_\circ$
11,83	0,94	0,83	−	−
T_{eff}	4623	4542		

CS 22878 − 101	$E_{(B-V)}$ =0,06			T_{eff}=4800
V	$(B-V)_\circ$	$(V-R)_\circ$	$(V-K)_\circ$	$(V-I)_\circ$
13,79	0,78	0,69	−	1,25
T_{eff}	4816	4933		4792

CS 22885 − 096	$E_{(B-V)}$ =0,03			T_{eff}=4900
V	$(B-V)_\circ$	$(V-R)_\circ$	$(V-K)_\circ$	$(V-I)_\circ$
13,33	0,66	0,67	2,17	−
T_{eff}	5146	4987	4927	

Table à suivre

CS 22891 − 209		$E_{(B-V)}$ = 0,05		T_{eff}=4700
V	$(\mathbf{B-V})_\circ$	$(\mathbf{V-R})_\circ$	$(\mathbf{V-K})_\circ$	$(\mathbf{V-I})_\circ$
12,19	–	0,76	2,44	–
T_{eff}		4732	4619	

CS 22892 − 052		$E_{(B-V)}$ = 0,00		T_{eff}=4850
V	$(\mathbf{B-V})_\circ$	$(\mathbf{V-R})_\circ$	$(\mathbf{V-K})_\circ$	$(\mathbf{V-I})_\circ$
13,18	0,78	0,69	2,28	1,27
T_{eff}	4816	4921	4796	4761

CS 22896 − 154		$E_{(B-V)}$ = 0,04		T_{eff}=5250
V	$(\mathbf{B-V})_\circ$	$(\mathbf{V-R})_\circ$	$(\mathbf{V-K})_\circ$	$(\mathbf{V-I})_\circ$
13,64	0,58	0,60	2,02	–
T_{eff}	5416	5238	5117	

CS 22897 − 008		$E_{(B-V)}$ = 0,00		T_{eff}=4900
V	$(\mathbf{B-V})_\circ$	$(\mathbf{V-R})_\circ$	$(\mathbf{V-K})_\circ$	$(\mathbf{V-I})_\circ$
13,33	0,69	0,69	2,35	–
T_{eff}	5052	4917	4722	

CS 22948 − 066		$E_{(B-V)}$ = 0,00		T_{eff}=5100
V	$(\mathbf{B-V})_\circ$	$(\mathbf{V-R})_\circ$	$(\mathbf{V-K})_\circ$	$(\mathbf{V-I})_\circ$
13,47	0,63	0,63	2,06	1,17
T_{eff}	5243	5117	5061	4986

CS 22949 − 037		$E_{(B-V)}$ = 0,02		T_{eff}=4900
V	$(\mathbf{B-V})_\circ$	$(\mathbf{V-R})_\circ$	$(\mathbf{V-K})_\circ$	$(\mathbf{V-I})_\circ$
14,35	0,72	0,70	2,27	–
T_{eff}	4887	4901	4822	

CS 22952 − 015		$E_{(B-V)}$ = 0,00		T_{eff}=4800
V	$(\mathbf{B-V})_\circ$	$(\mathbf{V-R})_\circ$	$(\mathbf{V-K})_\circ$	$(\mathbf{V-I})_\circ$
13,26	0,77	0,73	2,38	-
T_{eff}	4832	4794	4687	

CS 22953 − 003		$E_{(B-V)}$ = 0,00		T_{eff}=5000
V	$(\mathbf{B-V})_\circ$	$(\mathbf{V-R})_\circ$	$(\mathbf{V-K})_\circ$	$(\mathbf{V-I})_\circ$
13,72	0,67	0,64	2,14	–
T_{eff}	5114	5088	4968	

CS 22956 − 050		$E_{(B-V)}$ = 0,00		T_{eff}=4900
V	$(\mathbf{B-V})_\circ$	$(\mathbf{V-R})_\circ$	$(\mathbf{V-K})_\circ$	$(\mathbf{V-I})_\circ$
14,27	0,68	–	2,30	–
T_{eff}	5083		4781	

CS 22966 − 057		$E_{(B-V)}$ = 0,00		T_{eff}=5300
V	$(\mathbf{B-V})_\circ$	$(\mathbf{V-R})_\circ$	$(\mathbf{V-K})_\circ$	$(\mathbf{V-I})_\circ$
14,31	0,61	0,57	1,85	1,04
T_{eff}	5314	5346	5334	5202

Table à suivre

Photométrie des étoiles observées

CS 22968 – 014	$E_{(B-V)}$ =0, 01			T_{eff}=4850
V	$(\mathbf{B-V})_\circ$	$(\mathbf{V-R})_\circ$	$(\mathbf{V-K})_\circ$	$(\mathbf{V-I})_\circ$
13,74	0,71	0,68	2,32	–
T_{eff}	4900	4945	4753	
CS 29495 – 041	$E_{(B-V)}$ =0, 00			T_{eff}=4800
V	$(\mathbf{B-V})_\circ$	$(\mathbf{V-R})_\circ$	$(\mathbf{V-K})_\circ$	$(\mathbf{V-I})_\circ$
13,34	0,81	–	2,39	–
T_{eff}	4778		4681	
CS 29502 – 042	$E_{(B-V)}$ =0, 00			T_{eff}=5100
V	$(\mathbf{B-V})_\circ$	$(\mathbf{V-R})_\circ$	$(\mathbf{V-K})_\circ$	$(\mathbf{V-I})_\circ$
12,71	0,68	–	2,08	–
T_{eff}	5083		5035	
CS 29518 – 051	$E_{(B-V)}$ =0, 00			T_{eff}=5100
V	$(\mathbf{B-V})_\circ$	$(\mathbf{V-R})_\circ$	$(\mathbf{V-K})_\circ$	$(\mathbf{V-I})_\circ$
13,01	0,64	0,61	2,02	1,09
T_{eff}	5223	5208	5121	5099
CS 30325 – 094	$E_{(B-V)}$ =0, 00			T_{eff}=4900
V	$(\mathbf{B-V})_\circ$	$(\mathbf{V-R})_\circ$	$(\mathbf{V-K})_\circ$	$(\mathbf{V-I})_\circ$
12,33	0,71	–	2,24	1,21
T_{eff}	4909		4844	4865

TAB. D.1: Photométrie complète des étoiles étudiées.

Annexe E

CS 31082–001 : un chronomètre de l'histoire de l'Univers.

A&A 387, 560–579 (2002)
DOI: 10.1051/0004-6361:20020434
© ESO 2002

Astronomy
&
Astrophysics

First stars. I. The extreme r-element rich, iron-poor halo giant CS 31082-001

Implications for the r-process site(s) and radioactive cosmochronology*

V. Hill[1], B. Plez[2], R. Cayrel[3], T. C. Beers[4], B. Nordström[5,6], J. Andersen[6], M. Spite[1], F. Spite[1], B. Barbuy[7], P. Bonifacio[8], E. Depagne[1], P. François[3], and F. Primas[9]

[1] Observatoire de Paris-Meudon, GEPI, 2 pl. Jules Janssen, 92195 Meudon Cedex, France
[2] GRAAL, Université de Montpellier II, 34095 Montpellier Cedex 05, France
   e-mail: Bertrand.Plez@graal.univ-montp2.fr
[3] Observatoire de Paris, GEPI, 61 av. de l'Observatoire, 75014 Paris, France, e-mail: Roger.Cayrel@obspm.fr
[4] Department of Physics & Astronomy, Michigan State University, East Lansing, MI 48824, USA
[5] Lund Observatory, Box 43, 221 00 Lund, Sweden
[6] Astronomical Observatory, NBIfAFG, Juliane Maries Vej 30, 2100 Copenhagen, Denmark
[7] IAG, Universidade de São Paulo, Departmento de Astronomia, CP 3386, São Paulo, Brazil
[8] Istituto Nazionale per l'Astrofisica – Osservatorio Astronomico di Trieste, via G.B. Tielpolo 11, 34131 Trieste, Italy
[9] European Southern Observatory (ESO), Karl-Schwarzschild-Str. 2, 85749 Garching b. München, Germany

Received 28 January 2002 / Accepted 21 March 2002

Abstract. We present a high-resolution ($R = 75\,000$, $S/N \approx 500$) spectroscopic analysis of the bright ($V = 11.7$), extreme halo giant CS 31082-001 ([Fe/H] = −2.9), obtained in an ESO-VLT *Large Programme* dedicated to very metal-poor stars. We find CS 31082-001 to be extremely rich in r-process elements, comparable in this respect only to the similarly metal-poor, but carbon-enriched, giant CS 22892-052. As a result of the extreme overabundance of the heaviest r-process elements, and negligible blending from CH and CN molecular lines, a reliable measurement is obtained of the U II line at 386 nm, for the first time in a halo star, along with numerous lines of Th II, as well as lines of 25 other r-process elements. Abundance estimates for a total of 43 elements (44 counting Hydrogen) are reported in CS 31082-001, almost half of the entire periodic table. The main atmospheric parameters of CS 31082-001 are as follows: $T_{eff} = 4825 \pm 50$ K, $\log g = 1.5 \pm 0.3$ (cgs), [Fe/H] = −2.9 ± 0.1 (in LTE), and microturbulence 1.8 ± 0.2 km s^{-1}. Carbon and nitrogen are not significantly enhanced relative to iron. As usual in giant stars, Li is depleted by dilution ($\log(\mathrm{Li/H}) = 0.85$). The α-elements show modest enhancements with respect to iron, with [O/Fe] = 0.6 ± 0.2 (from [O I] 6300 Å), [Mg/Fe] = 0.45 ± 0.16, [Si/Fe] = 0.24 ± 0.1, and [Ca/Fe] = 0.41 ± 0.08, while [Al/Fe] is near −0.5. The r-process elements show unusual patterns: among the lightest elements ($Z \sim 40$), Sr and Zr follow the Solar r-element distribution, but being 0.8 dex. All elements with $56 \le Z \le 72$ follow the Solar r-element pattern, reduced by about 1.25 dex. Accordingly, the [r/Fe] enhancement is about +1.7 dex (a factor of 50), very similar to that of CS 22892-052. Pb, in contrast, seems to be *below* the shifted Solar r-process distribution, possibly indicating an error in the latter, while thorium is more enhanced than the lighter nuclides. In CS 31082-001, $\log(\mathrm{Th/Eu})$ is −0.22 ± 0.07, higher than in the Solar System (−0.46) or in CS 22892-052 (−0.66). If CS 31082-001 and CS 22892-052 have similar ages, as expected for two extreme halo stars, this implies that the production ratios were different by about 0.4 dex for the two objects. Conversely, if the Th/Eu production ratio were universal, an age of 15 Gyr for CS 22892-052 would imply a *negative age* for CS 31082-001. Thus, while a universal production ratio for the r-process elements seems to hold in the interval $56 \le Z \le 72$, it breaks down in the actinide region. When available, the U/Th is thus preferable to Th/Eu for radioactive dating, for two reasons: (i) because of its faster decay rate and smaller sensitivity to observational errors, and (ii) because the initial production ratio of the neighboring nuclides ^{238}U and ^{232}Th is more robustly predicted than the ^{151}Eu/^{232}Th ratio. Our current best estimate for the age of CS 31082-001 is 14.0 ± 2.4 Gyr. However, the computed actinide production ratios should be verified by observations of daughter elements such as Pb and Bi in the same star, which are independent of the subsequent history of star formation and nucleosynthesis in the Galaxy.

Key words. Galaxy: evolution – Galaxy: halo – stars: abundances – stars: individual: BPS CS 31082-001 – nuclear reactions, nucleosynthesis, abundances – cosmology: early Universe

Send offprint requests to: V. Hill,
e-mail: Vanessa.Hill@obspm.fr
* Based on observations of program 165.N-0276(A) obtained with the Very Large Telescope of the European Southern Observatory at Paranal, Chile.

1. Introduction

The detailed chemical abundances of the most metal-poor halo stars contain unique information on the earliest

119

epochs of star formation and nucleosynthesis in our own and other galaxies. Previous studies of these extreme halo stars (Bessell & Norris 1984; Norris et al. 2001; see other references in Table 2 of Cayrel 1996) have revealed abun-

CS 22892-052 (Sneden et al. 1996, 2000a) and HD 115444 (Westin et al. 2000). Indeed, it was tentatively concluded that a universal production pattern exists for the r-process elements, independent of the nature of the progenitor

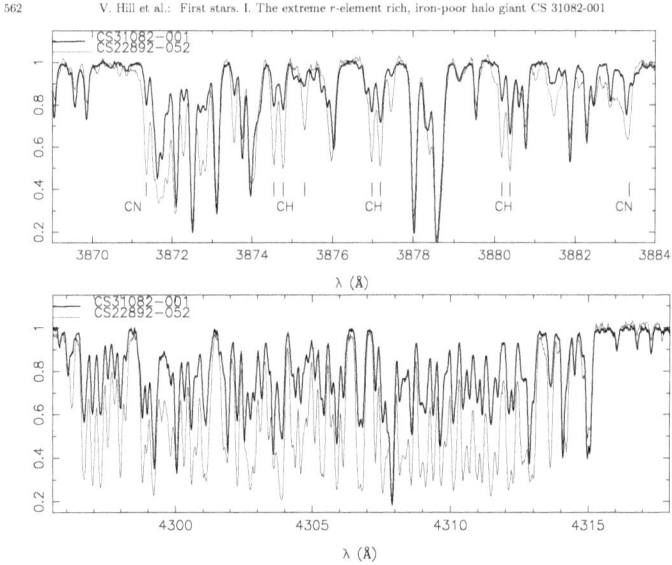

Fig. 1. Comparison of the spectrum of CS 31082-001 (thick line) and CS 22892-052 (narrow line) showing the much reduced molecular band strength in the former. *Upper panel:* CN 3871 and 3883 Å band heads; *lower panel:* G band (CH). The spectrum of CS 22892-052 was obtained during the commissioning of the spectrograph UVES, and is publicly available (http://www.eso.org/science/uves_comm/).

Table 1. Log of the observations, and measured signal-to-noise ratio per pixel from the extracted and co-added spectra.

Date	MJD (s)	Exp. time (s)	$\lambda_{start} - \lambda_{end}$ Blue	Resolving Power	$\lambda_{start} - \lambda_{end}$ Red	Resolving Power	$V_{r\,barycentric}$
2000/08/06	51 763.396	1200	335–456 nm	45 000	480–680 nm	45 000	139.03
2000/08/06	51 763.412	1200	335–456 nm	45 000	670–900 nm	45 000	
2000/08/10	51 767.281	3000	335–456 nm*	70 000	–	–	
2000/08/10	51 767.317	3000	335–456 nm*	70 000	–	–	
2000/10/11	51 829.169	7200	310–390 nm	77 000	–	–	
2000/10/14	51 832.176	3600	310–390 nm	77 000	480–680 nm	86 000	139.10
2000/10/14	51 832.219	3600	310–390 nm	77 000	480–680 nm	86 000	139.14
2000/10/15	51 833.223	3600	310–390 nm	77 000	480–680 nm	86 000	139.08
2000/10/17	51 835.147	3600	380–510 nm	75 000	680–1000 nm	86 000	
2000/10/19	51 837.184	3600	380–510 nm	75 000	670–1000 nm	86 000	

*: obtained with Image Slicer

Setting	Total Exp. time (s)	@310 nm	@350 nm	@390 nm	@420 nm	@490 nm	@630 nm	@800 nm
				S/N per pixel				
310–390 nm	18 000	35	150	350				
335–460 nm	6000		110	250	300			
380–510 nm	7200			250	250	200		
480–680 nm	10 800					250	340	
670–1000 nm	7200							110

The wavelength calibration was performed on Th-Ar lamp frames and applied to the extracted object. The spectra were finally resampled to a constant wavelength step and normalized to unity by fitting a spline function. All spectra obtained with identical spectrograph settings (same cross-disperser and same central wavelength) were then co-added after radial-velocity correction. The lower part of Table 1 summarizes the obtained signal-to-noise ratio per pixel (1 pixel ~ 0.0015 nm) at wavelengths of interest.

Radial velocities given in the table are only those computed from the 480-580nm red spectra (which permitted corrections for small instrumental shifts from the telluric absorption lines). In addition to the spectra reported here, we took exposures of CS 31082-001 with UVES again in September 2001 (5–9 September) and the radial velocity was still impressively unchanged (mean of four measurements in 2001 $V_{\rm r\ barycentric} = 139.05 \pm 0.05$ km s^{-1}) and Aoki (2002, private communication) found $V_{\rm r\ barycentric} = 138.9 \pm 0.24$ km s^{-1} from observations with HDS on the Subaru telescope. There is therefore *no sign* of radial velocity variations in this star, and hence *no hint that CS 31082-001 could be a binary.*

3. Abundance analysis, and derived abundances of the lighter elements

3.1. Model atmosphere and stellar parameters

The adopted model atmospheres (OSMARCS) were computed with the latest version of the MARCS code, initially developed by Gustafsson et al. (1975) and subsequently updated by Plez et al. (1992), Edvardsson et al. (1993), and Asplund et al. (1997). The current version includes up-to-date continuum and line opacities for atomic and molecular species, treated in opacity sampling with more than 10^5 sampling points between 910 Å and 20 μm. Models for CS 31082-001 were computed for a metallicity 1/1000th Solar, with the α-elements boosted by 0.4 dex relative to iron.

In our preliminary analysis of the star (Hill et al. 2001), we were using the synthetic spectrum code of Spite (1967 and subsequent improvements in the last thirty years). In the present analysis we have employed a more consistent approach based on the *turbospec* synthesis code developed by Plez (Plez et al. 1993), which shares routines and input data with OSMARCS. The latest version (Alvarez & Plez 1998) features: Full chemical equilibrium including 92 atomic and over 500 molecular species, Van der Waals collisional broadening by H, He, and H$_2$ following Anstee & O'Mara (1995), Barklem & O'Mara (1997), and Barklem et al. (1998), and updated continuum opacities, and plane-parallel or spherical geometry. The main differences between the Spite et al. and the Plez codes lie in the continuum opacity, the source function (diffusion is included in the latter), and the collisional broadening calculation.

The effective temperature for the star was computed from multicolor information, using the Alonso et al. (1999)

Table 2. Colors and effective temperature of CS 31082-001.

Index	value	$T_{\rm eff}$ (K) $E(B-V)$ $=0.00$	$T_{\rm eff}$ (K) $E(B-V)$ $=0.03$
V	11.674 ± 0.009		
$(B-V)$	0.772 ± 0.015	4822 ± 120	4903 ± 120
$b-y$	0.542 ± 0.009	4917 ± 70	4980 ± 70
$(V-R)_{\rm C}$	0.471 ± 0.015	4842 ± 150	5027 ± 150
$(V-I)_{\rm C}$	0.957 ± 0.013	4818 ± 125	4987 ± 125
$(V-K)$	2.232 ± 0.008	4851 ± 50	4967 ± 50

color-temperature transformations. A number of photometric data are available for CS 31082-001: $UBVRc Ic$ (subscript C indicating the Cousins system) are from Beers et al. (2002a); the V magnitude and Strömgren photometry are from Twarog et al. (2000); infrared data are available from the DENIS (Fouqué et al. 2000) and 2Mass surveys (Cutri et al. 2000). A summary of these photometric data, and the corresponding derived temperatures, is given in Table 2

At a Galactic latitude $l = -76°$, the observed colors of CS 31082-001 are not expected to be significantly affected by reddening. The Burstein & Heiles (1982) maps suggest negligible reddening; the Schlegel et al. maps (Schlegel et al. 1998) suggest $E(B-V) \approx 0.03$. Table 2 lists effective temperatures derived both for the situation of no reddening, and for an adopted reddening of 0.03 mags. The no-reddening values are in better agreement with the derived excitation temperature from Fe I lines. The final adopted temperature of $T_{\rm eff} = 4825$ K is consistent with that obtained from the excitation equilibrium of the Fe I lines. A gravity of $\log g = 1.5 \pm 0.3$ dex was assumed in order to satisfy the ionization equilibrium of iron and titanium, and a microturbulence velocity of $\xi = 1.8 \pm 0.2$ km s^{-1} was obtained from the requirement that strong and weak lines of iron yield the same abundance.

In this paper we are mostly concerned with the relative abundances of elements in this star, especially the abundance pattern of the heavy neutron-capture elements. The relative abundances are only very weakly dependent on the adopted stellar parameters; all of the lines of interest respond similarly to small changes in temperature and gravity, hence the pattern of the heavy elements relative to one another is hardly affected. A thorough discussion of errors is provided in Sect. 4.2.

3.2. Abundances of light and iron-peak elements

Most of the abundances for the light and the iron-group elements were determined via equivalent width measurement of a selection of unblended lines. Exceptions are Li, C, N, and O, for which synthesis spectra were directly compared to the observed spectrum. The linelist used for

Table 3. LTE abundances for lighter elements in CS 31082-001.

El.	Z	log ε	[X/H]	σ	N_{lines}	[X/Fe]	Δ[X/Fe]
^{12}C/^{13}C		>20					
Li I	3	0.85			1		0.11
C	6	5.82	−2.7	0.05		+0.2	
N	7	<5.22	<−2.7			<+0.2	
O I	8	6.52	−2.31		1	0.59	0.20
Na I	11	3.70	−2.63	0.02	2	0.27	0.13
Mg I	12	5.04	−2.54	0.13	7	0.36	0.16
Al I	13	2.83	−3.64		1	−0.74	0.17
Si I	14	4.89	−2.66		1	0.24	0.10
K I	19	2.87	−2.25	0.08	2	0.65	0.10
Ca I	20	3.87	−2.49	0.11	15	0.41	0.08
Sc II	21	0.28	−2.89	0.07	7	0.01	0.06
Ti I	22	2.37	−2.65	0.09	14	0.25	0.10
Ti II	22	2.43	−2.59	0.14	28	0.31	0.05
Cr I	24	2.43	−3.24	0.11	7	−0.34	0.11
Mn I	25	2.14	−3.25	0.09	6	−0.35	0.10
Fe I	26	4.60	−2.90	0.13	120	0.00	
Fe II	26	4.58	−2.92	0.11	18	0.02	
Co I	27	2.28	−2.64	0.11	4	0.26	0.12
Ni I	28	3.37	−2.88	0.02	3	0.02	0.14
Zn I	30	1.88	−2.72	0.00	2	0.18	0.09

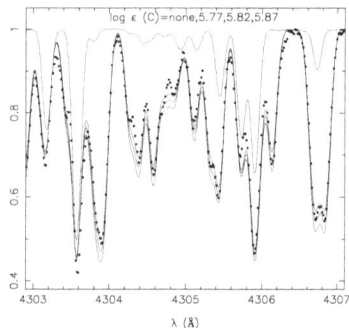

Fig. 2. Fit of CH lines of the G band in CS 31082-001. *Dots*: observations, *lines*: synthetic spectra computed for the abundances indicated in the figure.

as expected for a red giant. However, not all lithium in this star has been diluted after the first dredge-up, as observed in many metal-poor giants. In fact, in a sample of 19 giants with [Fe/H] ≤ −2.7 (Depagne et al. 2002), we find that among the eight giants with gravities close to log *g* = 1.5, four have detectable lithium. Hence, in this respect, CS 31082-001 is not exceptional.

Carbon and nitrogen

These two elements are detected via the molecular bands of CH and CN. Line lists for ^{12}CH, ^{13}CH, ^{12}C^{14}N, and ^{13}C^{14}N were included in the synthesis. The CN linelists were prepared in a similar fashion as the TiO linelist of Plez (1998), using data from Cerny et al. (1978), Kotlar et al. (1980), Larsson et al. (1983), Bauschlicher et al. (1988), Ito et al. (1988), Prasad & Bernath (1992), Prasad et al. (1992), and Rehfuss et al. (1992). Programs by Kotlar were used to compute wavenumbers of transitions in the red bands studied by Kotlar et al. (1980). For CH, the LIFBASE program of Luque & Crosley (1999) was used to compute line positions and *gf*-values. Excitation energies and isotopic shifts (LIFBASE provides only line positions for ^{12}CH) were taken from the line list of Jørgensen et al. (1996). By following this procedure, a good fit of CH lines could be obtained, with the exception of a very few lines which we removed from the list.

^{13}C isotopic lines could not be detected, hence we only provide a lower limit on the ^{12}C/^{13}C ratio, based on the non-detection of ^{13}CH lines.

The carbon abundance was derived primarily from CH lines in the region 4290–4310 Å (the CH A–X 0–0 bandhead), which is almost free from intervening atomic lines. We derive an abundance log ε(C) = 5.82 ± 0.05 (see

all light and iron-peak elements will be published together with the analysis of the complete sample of our Large Program. For the compilation of this linelist, we used the VALD2 compilation of Kupka et al. (1999).

Table 3 lists the mean abundances[2], dispersion of the single line measurements around the mean (σ), and the number of lines used to determine the mean abundances of all measured elements from lithium to zinc. Also listed are the abundances relative to iron, [X/Fe], and the total uncertainty on this ratio, Δ[X/Fe], including errors linked both to observations and the choice of stellar parameters (similarly to the Δ[X/Th] reported in Table 6 and explained in Sect. 4.2). Notes on specific elements are:

Lithium

With an equivalent width of more than 15 mÅ, the lithium 6708 Å line is easily detected in this star. The abundance was determined using spectrum synthesis techniques to account for the doublet nature of the line. With an abundance of log ε(Li) = 0.85, CS 31082-001 falls well below the lithium plateau for hot dwarf halo stars,

---

[2] In the classical notation where log ε(H) = 12 and [X/H] = log(N_X/N_H)$_*$ − log(N_X/N_H)$_\odot$.

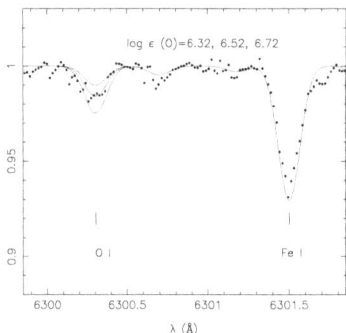

Fig. 3. The forbidden [O I] 6300 Å line in CS 31082-001. Symbols as in Fig. 2.

Fig. 2). With this same abundance, a good fit is obtained in the more crowded regions around 3900 Å and 3150 Å, where the B–X and C–X bandheads occur.

The nitrogen abundance was then derived from CN lines. It was only possible to set an upper limit, since the CN lines are extremely weak. A conservative estimate of the nitrogen abundance is $\log \epsilon(N) = 5.22$, from the 3875–3900 Å B–X 0–0 bandhead. An attempt was also made to use the NH 0–0 bandhead of the A–X system around 3350 Å. Lines were extracted from the Kurucz line database (1993), and the gf-values were scaled with the mean correction derived by comparison of the Kurucz and Meyer & Roth (1991) gf-values for the 2 (0–0) $R_1(0)$ and $^RQ_{21}(0)$ lines at 3358.0525 Å and 3353.9235 Å. This derived correction, -0.807 in $\log(gf)$, was applied to all of the NH lines. The fit was poor, but if the gf-values are correct, which is a bold assumption, the nitrogen abundance is at most $\log \epsilon(N) = 5.02$. Given the many uncertainties attached to this latter determination, we adopt the more conservative estimate obtained from CN.

Oxygen

The forbidden oxygen line at 630 nm is clearly detected in the three spectra taken in October 2000, where the motion of the Earth relative to the star resulted in a Doppler shift that moved this weak line clear of the neighboring telluric absorption lines (Fig. 3). The measured equivalent width of the [OI] line is 2.7 mÅ; the corresponding abundance is $\log \epsilon(O) = 6.52$, which in turn implies an overabundance of oxygen with respect to iron of [O/Fe] $= +0.59 \pm 0.2$.

Thus, CS 31082-001 has an oxygen abundance that is consistent with the mild oxygen enhancement observed for other halo stars, at least when derived from the same forbidden [OI] line (e.g. Barbuy et al. 1988; Sneden et al. 2001; Nissen et al. 2001). The linearly increasing trend

of [O/Fe] with decreasing metallicity suggested from measurements of OH lines in the UV of halo turnoff stars (e.g., Israelian et al. 1998; Boesgaard et al. 1998) is not a relevant comparison here, since it is known that there exist systematic differences between the two indicators (UV OH and [OI]), that could arise, for example, from temperature inhomogeneity effects (see Asplund & García Pérez 2001).

All of the α-elements in CS 31082-001 are enhanced by 0.35 to 0.6 dex relative to iron ([α/Fe] $= +0.37 \pm 0.13$, where α is the mean of O, Mg, Si, Ca, and Ti), consistent with the observed behavior of other metal-poor halo stars.

Potassium is also observed in CS 31082-001, from the red lines at 7664 Å and 7698 Å; an LTE analysis yields [K/Fe]$_{\mathrm{LTE}} = +0.65$. However, Ivanova & Shimanskii (2000) have shown that these transitions suffer from significant NLTE effects. For a star with $T_{\mathrm{eff}} = 4800$ K, $\log g = 1.5$, the correction amounts to ~ -0.33 dex. Therefore, the true potassium abundance in CS 31082-001 should be around [K/Fe] $= +0.3$ dex.

Iron group (Cr through Ni)

Among the elements of this group, all are depleted to a similar level as iron, although Co is up by ~ 0.3 dex, while Cr and Mn are down by ~ 0.3 dex, a typical behaviour for metal-poor stars (e.g., McWilliam et al. 1995; Ryan et al. 1996). Thus, both in this respect, and from its standard [α/Fe] enhancement, CS 31082-001 appears to be a typical very metal-poor halo star, except for its high neutron-capture-element abundances. This behavior is understandable if the light elements are produced in the hydrostatic burning phase of the evolution of massive stars, whereas the r-process elements are produced during the explosive synthesis phase of the SNe.

Zinc

Zinc is present in CS 31082-001 at a level comparable to the iron-group elements, and thus does not share the strong enhancement of neutron-capture elements in this star. This is relevant to the ongoing discussions on the origin of Zn in halo stars (Umeda & Nomoto 2002 and references therein), and the importance of the neutron-capture channel for Zn production. Either Zn does not arise from neutron-capture processes, or these processes are unimportant in r-process conditions.

4. Neutron-capture elements

In this section we discuss our adopted linelist, and examine the possible sources of error affecting the abundance determination of neutron-capture elements. We then explore the abundance patterns of elements in the three r-process peaks. Eight elements with atomic numbers $38 \leq Z \leq 47$ were measured in the region of the first peak. The second peak is the best constrained, with thirteen elements measured in the range $56 \leq Z \leq 72$. The third peak and the actinides are probed by four elements with measured abundances in the region $76 \leq Z \leq 92$.

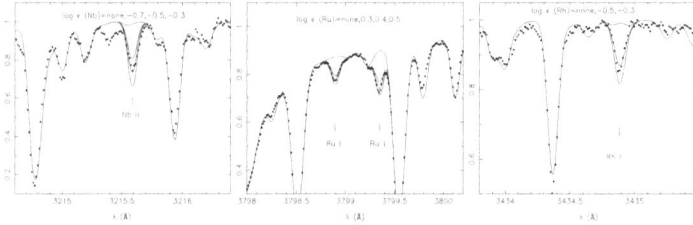

Fig. 4. The observed Nb II 3215 Å, Ru I 3799 Å, and Rh I 3434 Å lines in CS 31082-001. Symbols as in Fig. 2.

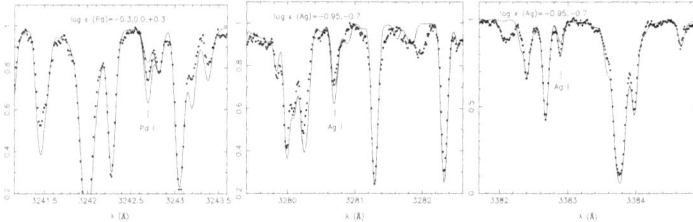

Fig. 5. The observed Pd I 3242 Å, Ag I 3281 Å, and 3383 Å lines in CS 31082-001. Symbols as in Fig. 2.

4.1. Linelists and physical data

Lines from 28 neutron-capture elements were observed in CS 31082-001, mainly concentrated in the blue and UV parts of the spectrum. The full linelist for heavy elements is provided in an Appendix to this paper, which also lists the references for our adopted oscillator strengths. When available from the paper of Sneden et al. (1996), the same oscillator strengths were adopted in order to make the comparison to the star CS 22892-052 easier. However, more lines were measured here, hence we had to supplement this compilation with additional information. In particular, we note that new results on the lifetimes and branching factors of both uranium (Nilsson et al. 2001a) and thorium (Nilsson et al. 2001b) transitions are now available; we make use of them here (Table 4). The Appendix also lists equivalent widths of the lines in CS 31082-001 and the individual derived abundances. In cases when blending was severe, or hyperfine structure was important, abundances were determined by comparing the observations directly to synthetic spectra (in these cases, no equivalent widths are listed in the Appendix). Hyperfine structure was included for the Ba and Eu lines. The mean abundances obtained for each element are listed in Table 5. Figures 4 to 10 are representative examples of

Table 4. Th and U lines used in the abundance determination.

λ(Å)	χ_{ex}(eV)	$\log gf$	$\log \epsilon$
Th II			
3351.229	0.188	−0.600	−0.88
3433.999	0.230	−0.537	−0.80
3435.977	0.000	−0.670	−0.85
3469.921	0.514	−0.129	−0.93
3675.567	0.188	−0.840	−0.83
4019.129	0.000	−0.228	−1.04
4086.521	0.000	−0.929	−0.96
4094.747	0.000	−0.885	−1.05
U II			
3859.571	0.036	−0.067	−1.92

the quality of the observed spectrum, and the fits to synthetic spectra.

4.2. Error budget

Table 6 summarizes the various sources of uncertainties affecting the derived neutron-capture-element abundances in CS 31082-001. Stochastic errors (Δ(obs) listed in Col. 6) arise from random uncertainties in the

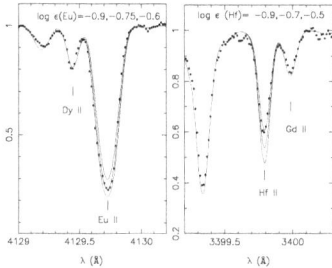

Fig. 6. The observed Eu 4129 and Hf II 3999 Å line in CS 31082-001. Symbols as in Fig. 2.

Table 5. Neutron-capture-element abundances in CS 31082-001.

El.	Z	$\log \epsilon(X)$	σ	$\Delta \log \epsilon$ (X/Th)	N_{lines}	[X/Fe]
Sr	38	0.72	0.03	0.08	3	+0.65
Y	39	−0.23	0.07	0.06	9	−0.43
Zr	40	0.43	0.15	0.09	5	+0.73
Nb	41	−0.55		0.15	1	+0.93
Ru	44	0.36	0.10	0.14	5	+1.42
Rh	45	−0.42	0.03	0.13	3	+1.36
Pd	46	−0.05	0.10	0.15	3	+1.16
Ag	47	−0.81	0.17	0.22	2	+1.15
Ba	56	0.40	0.17	0.11	6	+1.17
La	57	−0.60	0.04	0.06	5	+1.13
Ce	58	−0.31	0.10	0.04	9	+1.01
Pr	59	−0.86	0.12	0.06	6	+1.33
Nd	60	−0.13	0.17	0.05	18	+1.27
Sm	62	−0.51	0.16	0.06	9	+1.38
Eu	63	−0.76	0.11	0.05	9	+1.63
Gd	64	−0.27	0.15	0.06	9	+1.51
Tb	65	−1.26	0.07	0.04	7	+1.74
Dy	66	−0.21	0.13	0.07	6	+1.55
Er	68	−0.27	0.08	0.09	5	+1.70
Tm	69	−1.24	0.10	0.08	4	+1.66
Hf	72	−0.59		0.17	2	+1.43
Os	76	0.43	0.17	0.16	3	+1.30
Ir	77	0.20		0.11	2	+1.75
Pb	82	<−0.2:			1	
Th	90	−0.98	0.05	0.11	8	+1.83
U	92	−1.92		0.11	1	+1.49

oscillator strengths (*gf* values) and in the measured equivalent widths. The magnitude of this error is estimated as $\sigma/\sqrt{N-1}$ (where σ is the rms around the mean abundance) when $N \geq 2$ lines of a given element are observed, otherwise as the quadratic sum of the estimated error on the adopted *gf* value and the fitting uncertainty. Systematic uncertainties include those which exist in the adopted oscillator strengths, in the equivalent width measurements, mostly related to continuum location, and in the adopted stellar parameters. The first is extremely difficult to assess and is not considered explicitly here, although it might be significant (*gf* values from various sources may be cross-checked, but often only one source is available). The second should be negligible, given the very high quality of our data. Hence we have examined here only those errors linked to our choice of stellar parameters. These were estimated by varying $T_{\rm eff}$ by +100 K, $\log g$ by +0.3 dex, and ξ by +0.2 km s^{-1} in the stellar atmosphere model (Cols. 2, 3, and 4, respectively). The quantity $\Delta(T, \log g, \xi)$ listed in Col. 5 is the total impact of varying each of the three parameters, computed as the quadratic sum of Cols. 2, 3, and 4. The total uncertainty Δ(total) (Col. 7) on the *absolute* abundance of each element ($\log \epsilon(X)$) is computed as the quadratic sum of the stochastic and systematic errors. Columns 8 and 9 list the total uncertainties on the abundance ratios X/U and X/Th. Note that, due to the similarity of the response of a given set of elements to changes in the stellar parameters, systematic errors largely cancel out in the measured *ratios* of these elements, reducing the uncertainty affecting the *relative* abundances. However, for the few species that are determined from neutral lines, the stellar parameters uncertainties impact on the [X/Th] or [X/U] ratio is not negligible anymore (e.g. Ru, Rh, Pd).

In the following discussion, since we are mostly concerned by the *relative* abundance ratios, we chose to consider the total uncertainties on the X/Th ratio as representative of the uncertainty on the abundance pattern (in

Figs. 11 and 12, and listed in column $\Delta \log \epsilon(X/Th)$ of Table 5).

4.3. The lighter elements, $38 \leq Z \leq 48$

This group includes the classically observed elements Sr, Y, and Zr, but also the less well-studied species Nb, Ru, Rh, Pd, and Ag, whose lines are weak and lie in the near-UV part of the spectrum, hampering their detection in normal metal-poor halo giants. The only metal-poor star in which all these elements have been previously detected is CS 22892-052 (Sneden et al. 2000a), thanks to its large enhancement of neutron-capture elements. In CS 31082-001 we detected even more lines of these elements (due to the slightly larger metallicity, reduced blending by CH, CN and NH molecules, and better spectrum quality); Figs. 4 and 5 show examples of the quality of the fits obtained. However, one element detection remains inconclusive – even the strongest expected transition of Cd I in our wavelength domain (3261.05 Å) is too severely blended to be useful for abundance determinations.

Table 6. Error budget for neutron-capture elements.

El.	ΔT	$\Delta \log g$	$\Delta \xi$	$\Delta(T, \log g, \xi)$	Δ(obs)	Δ(total)	$\Delta \log \epsilon$(X/U)	$\Delta \log \epsilon$(X/Th)
	$+100$ K	$+0.3$ dex	$+0.2$ km s^{-1}					
(1)	(2)	(3)	(4)	(5)	(6)	(7)	(8)	(9)
Sr II	0.064	0.045	−0.047	0.092	0.030	0.10	0.13	0.08
Y II	0.068	0.082	−0.057	0.121	0.023	0.12	0.13	0.06
Zr II	0.066	0.087	−0.034	0.114	0.075	0.14	0.14	0.09
Nb II	0.044	0.091	−0.019	0.128	0.150	0.20	0.19	0.15
Ru I	0.079	−0.021	−0.012	0.159	0.050	0.17	0.18	0.14
Rh I	0.080	−0.019	−0.007	0.162	0.021	0.16	0.17	0.13
Pd I	0.081	−0.023	−0.024	0.166	0.071	0.18	0.19	0.15
Ag I	0.081	−0.022	−0.020	0.166	0.170	0.24	0.24	0.22
Ba II	0.096	0.046	−0.075	0.122	0.076	0.14	0.16	0.11
La II	0.080	0.083	−0.056	0.128	0.020	0.13	0.12	0.06
Ce II	0.078	0.089	−0.013	0.119	0.035	0.12	0.12	0.04
Pr II	0.078	0.089	−0.012	0.119	0.054	0.13	0.12	0.06
Nd II	0.078	0.086	−0.024	0.119	0.041	0.13	0.12	0.05
Sm II	0.082	0.089	−0.010	0.122	0.057	0.13	0.12	0.06
Eu II	0.078	0.090	−0.014	0.120	0.039	0.13	0.12	0.05
Gd II	0.074	0.088	−0.032	0.120	0.053	0.13	0.13	0.06
Tb II	0.078	0.091	−0.016	0.121	0.029	0.12	0.11	0.04
Dy II	0.076	0.088	−0.023	0.118	0.058	0.13	0.13	0.07
Er II	0.078	0.080	−0.088	0.142	0.040	0.15	0.15	0.09
Tm II	0.092	0.053	−0.043	0.115	0.058	0.13	0.14	0.08
Hf II	0.042	0.086	−0.028	0.123	0.170	0.21	0.20	0.17
Os I	0.078	0.011	−0.008	0.157	0.120	0.20	0.19	0.16
Ir I	0.065	0.045	−0.024	0.140	0.090	0.17	0.15	0.11
Th II	0.048	0.090	−0.008	0.132	0.020	0.13	0.11	...
U II	0.046	0.093	−0.002	0.131	0.110	0.17	...	0.11

In Solar System material, the four lighter elements are dominated by products of the main s-process (with a possible contribution from the weak s-process as well; see Prantzos et al. 1990; Tsujimoto et al. 2000), while the elements Ru, Rh, Pd, and Ag may contain a large r-process fraction (54% to 86%). However, in a star as metal-poor as CS 31082-001, it is expected that the s-process contribution should be negligible, both from a theoretical point of view (the main s-process takes place in AGBs, where the contribution depends on metallicity via the abundances of both seed nuclei and neutron sources, e.g. Prantzos et al. 1990), and from an observational point of view (Burris et al. 2000 and references therein). Thus, all these elements should represent r-process material produced in the early Galaxy.

In Fig. 11 we compare the observed abundance pattern in CS 31082-001 to the Solar System r-process abundances, scaled to the abundance of CS 31082-001 (see Sect. 4.4 for details of the scaling procedure). These Solar System r-process abundances are obtained from a decomposition of the Solar abundances (Anders & Grevesse 1989) into their s- and r-process fractions, by subtraction of computed main s-process yields (AGB yields) from the total abundances to obtain the r-process fraction. We show here two sources for this de-composition, illustrating the uncertainties involved. The dashed line in Fig. 11 follows the compilation of Burris et al. (2000), which uses yields from Käppeler et al. (1989) and Wisshak et al. (1996), while the solid line uses yields of AGB models from Arlandini et al. (1999).

It is clear from inspection of Fig. 11 that, although one can argue the case for general agreement in the region of the second r-process peak, the abundances of CS 31082-001 in the region $38 \leq Z \leq 48$ are not all compatible with the Solar System r-process pattern. This effect is best seen in the middle and lower panels of Fig. 11, where the abundance difference $\log \epsilon_\star - \log \epsilon_{rSS}$ between CS 31082-001 and the Solar System (SS) r-process are

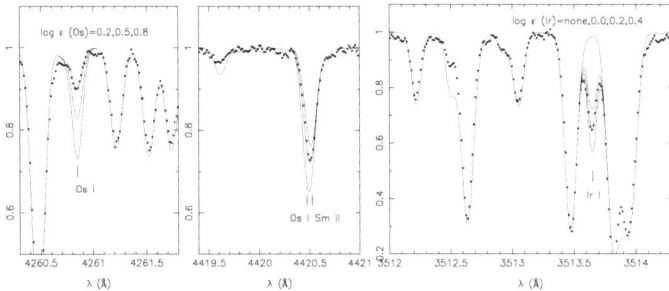

Fig. 7. The observed Os I 4261 Å, 4420 Å, and Ir I 3513 Å lines in CS 31082-001. Symbols as in Fig. 2.

displayed. When the Burris et al. (2000) de-composition is used, the difference appears as a stronger odd-even effect in CS 31082-001, in addition to a lower mean abundance: $< \log \epsilon_* - \log \epsilon_{r\text{SS}} >_{38 \leq Z \leq 48} = -1.47$ (rms 0.33) for the lighter elements vs. $< \log \epsilon_* - \log \epsilon_{r\text{SS}} >_{56 \leq Z \leq 69} = -1.25$ (rms 0.10) for the heavier group. If the Arlandini et al. (1999) de-composition is used, the result is very similar for Ru, Rh, and Ag. Note that in this case, the Y abundance is no longer discrepant, while Nb is significantly more abundant than the Solar r-value. As a result, the mean offsets between the lighter and second-peak elements over large intervals in atomic number are in fact quite similar, $< \log \epsilon_* - \log \epsilon_{r\text{SS}} >_{38 \leq Z \leq 48} = -1.38$ (rms 0.33) compared to $< \log \epsilon_* - \log \epsilon_{r\text{SS}} >_{56 \leq Z \leq 69} = -1.28$ (rms 0.08).

Independently of the decomposition used, the most discrepant element is silver, for which the solar system r-process scaled abundance exceeds the CS 31082-001 observed value by 0.8 dex! This low abundance of Ag was also observed in CS 22892-052 by Sneden et al. (2000a), and the good agreement between the CS 31082-001 and CS 22892-052 silver abundances can be seen in Fig. 12). In contrast, the only other metal-poor stars (4 halo stars with $-2.15 \leq$ [Fe/H] ≤ -1.3 dex) in which it was observed so far (Crawford et al. 1998) demonstrated a mild [Ag/Fe] enhancement, in agreement with the mild enhancement of the second r-process peak elements in these stars. This illustrates that not everything is understood in the way the r-process builds up elements in the wide atomic massrange in which it is at work.

4.4. The second-peak elements, $56 \leq Z \leq 72$

The group of elements between barium and hafnium is the best studied mass-range of the neutron-capture elements, thanks to the relatively strong lines in the visible region of elements such as Ba, Eu, and La. In CS 31082-001 we were able to detect lines from *all* stable elements between $Z = 56$ and $Z = 72$. However, three of

them cannot be used for abundance determinations because of poorly known atomic physics. Ho and Lu have very strong hyperfine structure which is not well quantified; and while three lines of Yb were detected, two are severely blended (3289 Å and 3476 Å), and the strongest one (3694 Å) yields a very large abundance ($\log \epsilon$ (Yb) = 0.18), which we believe is due to the unaccounted hyperfine structure, which acts to de-saturate this strong line (123 mÅ). We are thus left with accurate abundance determinations for 13 elements in the second peak of the r-process. Figure 6 is example of the fit respectively of a Hf and a Eu line. Not that the europium hyperfine structure is from Kurucz (Kurucz 1993), although the oscillator strength was taken from the more recent work of Lawler et al. (2001b). The Eu isotope composition adopted was 47.8% of ^{151}Eu and 52.2% of ^{151}Eu, as in the solar system, and in accordance to the new measurement of Sneden et al. (2002) who measured this isotopic ratio to be solar in the two metal-poor r-process rich stars BD $+17\,3248$, HD 115444 and CS 22892-052. The europium isotopic composition of CS 31082-001 will be investigated in a forthcoming paper, together with the rest of our sample of extremely metal poor stars.

The abundances of the second peak elements are displayed in Fig. 11, and compared to the Solar System r-process, scaled by the mean abundance difference with CS 31082-001: $< \log \epsilon_* - \log \epsilon_{r\text{SS}} >_{56 \leq Z \leq 69}$. Both the Burris et al. (2000) and the Arlandini et al. (1999) de-compositions are very similar in this mass range, and the mean underabundances computed for CS 31082-001 are $< \log \epsilon_* - \log \epsilon_{r\text{SS}} >_{56 \leq Z \leq 69} = -1.25$ (rms 0.10) and -1.28 (rms 0.08), respectively. The remarkable agreement of the abundance ratios in halo stars with the Solar r-process pattern in this atomic mass-range has been noted already in several papers (Sneden et al. 1996, 2000a; Westin et al. 2000; Johnson & Bolte 2001), and is also seen in giants of the globular cluster M15 (Sneden et al. 2000b). In this respect CS 31082-001 resembles

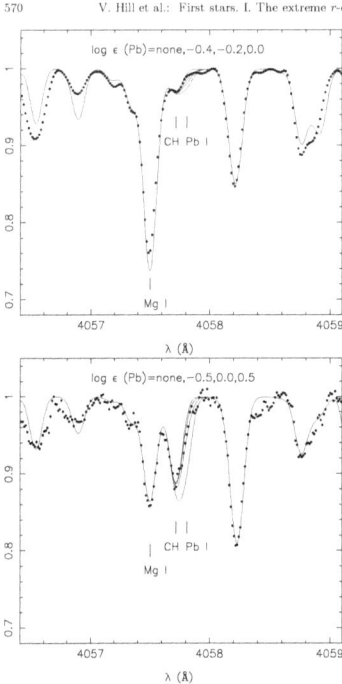

Fig. 8. The observed Pb I 4057 Å lines in CS 31082-001 (upper panel) and CS 22892-052 (lower panel). Symbols as in Fig. 2.

other metal-poor stars, both mildly r-process-enhanced (HD 115444 and others, see Johnson & Bolte 2001), and the extreme r-process-enriched star CS 22892-052. In fact, Fig. 12 shows that the neutron-capture-element pattern in CS 31082-001 (this paper) and CS 22892-052 (Sneden et al. 2000a) are virtually indistinguishable (CS 22892-052, abundances have been scaled by the mean difference between the two stars $< \log \epsilon_{CS\,31082-001} - \log \epsilon_{CS\,22892-052} >_{56 \leq Z \leq 69} = +0.17$ (rms 0.10)). Note that while the absolute r-process abundances are larger in CS 31082-001, given the metallicity difference between the two stars ([Fe/H]$_{CS\,31082-001} = -2.9$ and [Fe/H]$_{CS\,22892-052} = -3.2$), the total [r/Fe] ratio in CS 31082-001 in the mass range $56 \leq Z \leq 69$ is 0.13 dex lower than in CS 22892-052.

4.5. The third-peak elements and the actinides, $76 \leq Z \leq 92$

The third r-process peak (near the magic number $N = 126$) is sampled in CS 31082-001 by Os and Ir. The two heaviest species detected are the radioactive actinides Th and U, the use of which as chronometers we discuss in Sect. 6.

Osmium and iridium

Figure 7 shows two of the three osmium detections, and one of the two iridium detections. It was suggested in our preliminary results (Hill et al. 2001) that these two elements were overabundant with respect to the Solar r-process by around $+0.3$ dex. We now revise this statement slightly. In particular, Ir falls back to the same abundance scale as the $56 \leq Z \leq 69$ elements. The reason for this revision is connected with the code used to derive abundances. In our preliminary analysis (Hill et al. 2001) we were using the code of Spite (1967), while in the present analysis we have switched to a more self-consistent approach, the synthesis code by Plez et al. (1993), which employs the same algorithms to compute the model atmosphere and the synthetic spectrum. The main difference between the two codes lies in the continuous opacity computations and the source function assumptions (a diffusive term is added in the latter). These codes provide identical results above 4000 Å (less than 0.02 dex difference), but the present, presumably more reliable approach, yields systematically lower abundances in the bluest part of the spectrum (with a maximum effect of ~ 0.2 dex). In the case of Ir, the two lines at 3512 and 3800 Å gave discrepant results in our preliminary analysis, but now agree, with $\log \epsilon(\mathrm{Ir}) = 0.2$ dex (instead of the earlier 0.37 dex which came from the 3512 Å line alone).

Osmium, on the other hand, still seems to be overabundant with respect to both the scaled Solar r-process fraction and to CS 22892-052. If Os in CS 31082-001 was enhanced to the same level as the second r-process peak elements, we would expect $\log \epsilon(\mathrm{Os}) = 0.15$ dex, and $\log \epsilon(\mathrm{Os}) = 0.12$ dex if it was enhanced similarly to CS 22892-052, whereas we observe $\log \epsilon(\mathrm{Os}) = 0.43$ dex (rms 0.17, from 3 lines). We investigated the possible source of differences between our analysis and that of Sneden et al. (1996, 2000a), which could explain this difference: (i) The three lines used here are the same as those used by Sneden et al. (same wavelengths, same excitation potential and same oscillator strengths), (ii) the ionisation potential of Os I adopted here is from a measurement by Colarusso et al. (1997) of 8.44eV, compared to 8.35eV adopted by Sneden et al. (1996), which could account for at most ~ 0.1 dex difference in the final abundance but in the wrong direction, (iii) the difference in the codes used for the abundance determination cannot play a role *only for osmium*, leaving all the other abundance determinations unaffected. Hence, at this point, we cannot account for the abundance discrepancy by any obvious differences in the analysis.

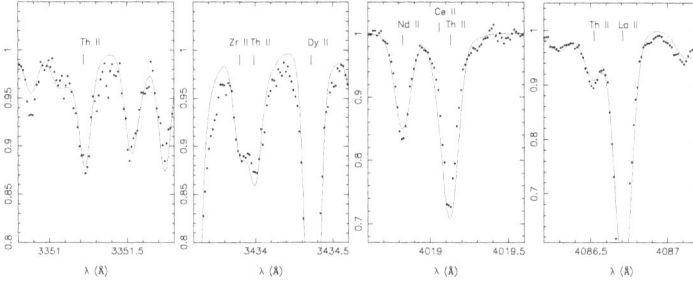

Fig. 9. The observed Th II 3351 Å, 3434 Å, 4019 Å and 4086 Å lines in CS 31082-001. *Dots*: observations; *line*: synthetic spectrum computed for the mean Th abundance, $\log \epsilon(\mathrm{Th}) = -0.98$.

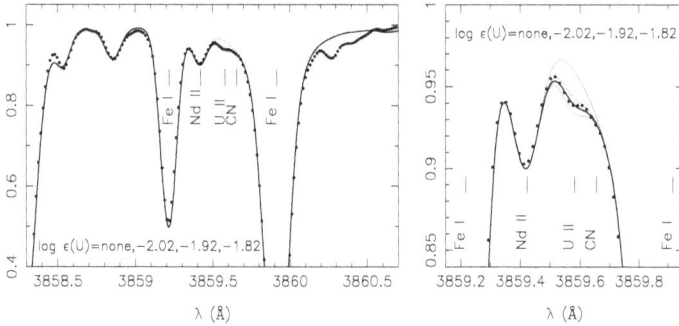

Fig. 10. The observed U II 3859 Å line in CS 31082-001. Symbols as in Fig. 2. The best fit is found for $\log \epsilon(\mathrm{U}) = -1.92$ (thick line).

We are therefore left with the possibility that the Os content of CS 31082-001 is indeed larger than predicted by a scaled Solar r-process. On the other hand, the large abundance dispersion observed from the three lines (rms 0.17) is a hint that there may be hidden problems in the determination of Os abundance from these lines, so that any strong conclusion would be premature at this stage.

Lead

Recently, accurate abundances of lead in metal-poor CH stars (the Pb having likely been transferred from a now-extinct AGB companion) were reported by Aoki et al. (2000) and Van Eck et al. (2001), using the 4057.8 Å line. In CS 31082-001, this line is not visible. Hence, we can only assign an upper limit of $\log \epsilon(\mathrm{Pb}) < -0.2$ dex ($\log \epsilon(\mathrm{Pb})$

$= -0.4^{+0.2}_{-\infty}$), as shown in Fig. 8. However, even this upper limit is of great interest, since it is already *below* the expected abundance of the scaled Solar System r-process fraction (Fig. 11).

Noting from Fig. 12 that our derived abundance of Pb is drastically lower than the detection reported by Sneden et al. (2000a) for CS 22892-052, we re-assessed also the abundance of Pb in CS 22892-052 from spectra taken with VLT+UVES during the commissioning of the instrument (http://www.eso.org/science/uves_comm/). The spectrum was acquired with a resolution of $R = 55\,000$; the S/N of the co-added spectrum (total exposure time of 4.5 h) is ~ 140 per (0.013 Å) pixel at 4100 Å (i.e., $S/N \sim 330$ per resolution element). The model for CS 22892-052 is an OSMARCS model with

129

$T_{\text{eff}} = 4700$ K, $\log g = 1.5$, $[\text{Fe/H}] = -3.0$ and $|\alpha/\text{Fe}| = +0.40$ (following Sneden et al. 2000a). The syntheses were generated with $\xi = 2.1$ km s^{-1}, $[\text{Fe/H}] = -3.2$, and individual abundances from Sneden et al. (1996). C and N abundances were determined, through a fit of the 3850–3900 Å region (CH and CN bandheads), to be $\log \epsilon(\text{C}) = 6.07$ ($[\text{C/Fe}] = +0.75$) and $\log \epsilon(\text{N}) = 5.42$ ($[\text{N/Fe}] = +0.70$). Then the Pb region was synthesized (some gf values of nearby atomic lines were adjusted to fit the observed spectrum). The Pb line lies in the red wing of a CH line, which is nicely fitted with the abundances derived from the 3850–3900 Å region. Spectra were computed for $\log \epsilon(\text{Pb}) = -0.5, 0.0, 0.5$, and no Pb. From inspection of Fig. 8 we derive an upper limit for the Pb abundance of $\log \epsilon(\text{Pb}) < 0.0$ ($\log \epsilon(\text{Pb}) = -0.25^{+0.25}_{-\infty}$). The Pb contents of CS 22892-052 and CS 31082-001, therefore, do not seem to be very different, and the reality of the measurement by Sneden et al. (2000a) appears open to question.

Thorium and uranium

The oscillator strengths of the single U II line and eight of the Th II lines that we have measured in CS 31082-001 (Table 4), as well as many others, have been re-determined with superior accuracy by Nilsson et al. (2001a, 2001b). The associated change in the U/Th abundance ratio is quite significant, as the oscillator strengths of the Th II lines decrease by 0.07 dex, on average, whereas the $\log gf$ of the U II line increases from -0.20 to -0.067, i.e., by 0.13 dex. Moreover, the uncertainties associated with the oscillator strengths have been reduced drastically (to better than 0.08 dex for the individual Th lines, and to only 0.06 dex for the U II line), thus they are a negligible source of error compared to the uncertainties in the actual fit of the data. Figure 9 displays the synthesis of a selection of the observed thorium lines, all plotted with a thorium abundance equal to the mean of the eight lines ($\log \epsilon(\text{Th}) = -0.98$). The observed uncertainty in this case was estimated as $\sigma/\sqrt{N-1}$, where σ is the dispersion around the mean and N, the number of lines, hence leading to a $\log \epsilon(\text{Th}) = -0.98 \pm 0.02$.

Figure 10 shows the region of the U II 3859 Å line and an enlargement of the uranium line itself, together with synthetic spectra for four different uranium abundances. The accuracy of the fit is estimated to be around 0.1 dex, obtained by testing the influence of several potential sources of error on the fitting procedure, including placement of the continuum and blending by neighboring lines (mainly Fe I 3859.9 Å). The uncertainty arising from the blending of the Fe I line is linked to uncertainties on the oscillator strength, but also the broadening factor of the line. The Van der Waals broadening factor was taken from Barklem et al. (1998), and the oscillator strength was increased by 0.1 dex with respect to the VALD2 recommended value to give a best fit to the observed line Fe I 3859.9 Å. Attempts to vary the Barkelem damping constant by 5% or more induced changes in the U abundance of less than 10%. The unidentified features on the

red side of the line (at 3860.77 and 3860.9 Å respectively) hamper the cosmetics of the fit but have no influence on the uranium line region. We would like to point out that the 3860.77 Å unidentified line also appears in the spectrum of CS 22892-052, whereas it does not in other giants of similar metallicity and temperature which have no excess of neutron-capture elements. We therefore tentatively attribute this absorption feature to an neutron-capture element, and encourage atomic physicists to work on the identification of this feature. We also note here that there are numerous features in the whole UV part of the spectrum of neutron-capture enriched giants, that are still in need of identification. A more detailed analysis of the 5-line feature (Fe I 3859.21, Nd II 3859.4, U II 3859.57, CN 3859.67 and Fe I 3859.9 Å) is foreseen in a near future, involving 3D hydrodynamical models. Adding the 0.06 dex uncertainty associated with the $\log gf$ of the line results in $\log \epsilon(\text{U}) = -1.92 \pm 0.11$. As seen from Table 6, the overall uncertainty of the U/Th ratio is totally dominated by that of the U line fitting procedure, while errors in the stellar parameters cancel out completely.

Finally, we note that, using the newly determined oscillator strength value for the uranium line, the upper limit deduced by Gustafsson & Mizuno-Wiedner (2001) for CS 22892-052 becomes $\log \epsilon(\text{U}) \leq -2.54$.

5. Is the *r*-process universal?

From the discussion in the previous section, and from Figs. 11 and 12, it is clear that the neutron-capture elements in CS 31082-001 follow a standard pattern (i.e., they are indistinguishable from both the scaled Solar *r*-process pattern and the patterns observed in other metal-poor halo stars such as CS 22892-052) for elements $56 \leq Z \leq 72$. The small dispersion around the mean of the quantities ($\log \epsilon_{\text{CS 31082-001}} - \log \epsilon_{\text{CS 22892-052}}$) and ($\log \epsilon_{\text{CS 31082-001}} - \log \epsilon_{r_{\text{SS}}}$) in the range $56 \leq Z \leq 69$ (respectively 0.10 and 0.08 dex) reflect this level of agreement.

In CS 31082-001, the third neutron-capture peak is so far only sampled by abundance measurements of two elements (Os and Ir), and one upper limit (Pb). There may be marginal evidence for departure from the Solar *r*-process (Os seems overabundant), but it is premature to conclude firmly on this point (see Sect. 4.5). The third-peak abundance determinations clearly demand confirmation from better measurements and laboratory data (Os), and from new detections (Pt, Pb, Bi), which can only be done from space, as the strongest lines of these elements are too far in the UV region to be reached from the ground.

On the other hand, the actinides, although only probed by the two radioactive nuclides Th and U, do appear to be enhanced in CS 31082-001 to a higher level than observed for elements of the second *r*-process peak. Given the very high ratios of $\log(\text{Th/Eu}) = -0.22$ dex (where Eu is taken as a typical example of the elements $56 \leq Z \leq 69$) compared to other halo stars (for example, CS 22892-052 with $\log(\text{Th/Eu}) = -0.66$, and HD 115444 with

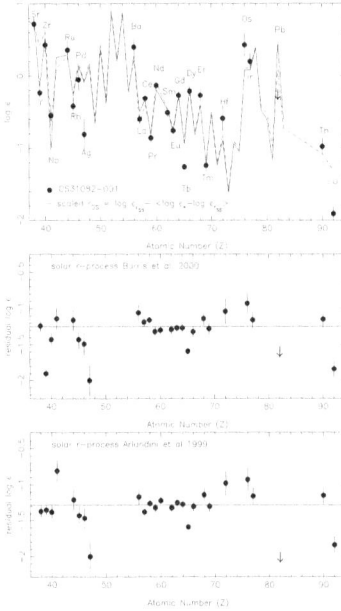

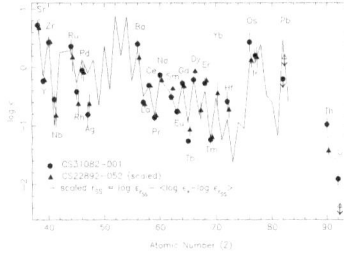

Fig. 12. Neutron-capture-element abundances of CS 31082-001 compared to CS 22892-052 (Sneden et al. 2000a). The abscissa for CS 22892-052 has been artificially shifted by +0.3 for readability, and the abundances were scaled up by $< \log \epsilon_{\mathrm{CS\,31082-001}} - \log \epsilon_{\mathrm{CS\,22892-052}} >_{56 < Z < 69} = +0.17$dex. The two open symbols are our own estimates for the Pb and U content of CS 22892-052 (see Sect. 4.5). The full line is the Solar *r*-process fraction from Arlandini et al. (1999).

Fig. 11. *Top*: neutron-capture-element abundances of CS 31082-001 compared to the Solar System *r*-process scaled to match the $56 \leq Z \leq 69$ elemental abundances of CS 31082-001. Two sources are plotted for the Solar *r*-process: Burris et al. 2000 (dashed line) and Arlandini 1999 (full line). Note that the radioactive species (Th and U) Solar System abundances are corrected for radioactive decay since the formation of the Solar System. The dotted line show the abundances observed *today* for these two species (scaled in the same manner). *Middle*: residual abundance of CS 31082-001 after the Solar System *r*-process (Burris et al. 2000) has been subtracted. *Bottom*: residual abundance of CS 31082-001 after the Solar System *r*-process (Arlandini et al. 1999) has been subtracted.

$\log(\mathrm{Th/Eu}) = -0.60$) it is difficult to conceive any reasonable scenario that would account for this by an age difference: CS 22892-052 and HD 115444 would then be 20 and 18 Gyrs older than CS 31082-001, respectively (regardless of the adopted production ratio for Th/Eu), which seems unrealistic.

We are thus left with the possibility that the actinides were enhanced ab initio by a larger factor than the elements of the second *r*-process peak in the matter that gave birth to CS 31082-001. This is the first time that such a large departure (~ 0.4 dex) from the otherwise standard Solar *r*-process pattern has been observed in a halo star, and the implications are important. *If the actinides are not necessarily produced together with the lighter neutron-capture elements ($56 \leq Z \leq 72$), and their initial proportions are therefore not fixed, but instead vary from star to star, then any chronometer based on ratios of an actinide to any stable element from the second r-process peak is doomed to failure.* The Th/Eu ratio in CS 31082-001 is an extreme example of such a failure (see Sect. 6).

From the *r*-process modeling point of view, the de-coupling of the production of actinides from the production of lighter *r*-process elements is in fact not unexpected. Goriely & Arnould (2001) find in their superposition of CEVs (Canonical EVents) that reproduce the Solar *r*-process pattern, that *the CEVs that are responsible for the synthesis of the actinides do not contribute to the synthesis of nuclides lighter than Pb*. This point is considered in more detail by Schatz et al. (2002).

As a final remark, we compared abundances of all elements from Na to U, to the predictions of the Qian & Wasserburg (2001b, 2002) phenomenological model which describes the chemical enrichment in the early galaxy in terms of three components: the prompt enrichment (P) is the contribution from extremely massive stars and acts on an instantaneous timescale, and SN II are divided in two classes, the high-frequency SN II (H) and low-frequency SN II (L) are responsible respectively for the second and third *r*-process peak elements, and for some iron and light

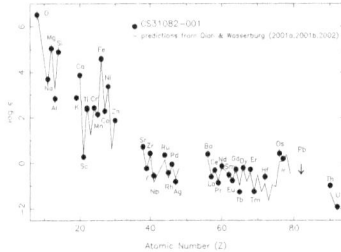

Fig. 13. Abundances of CS 31082-001 compared to the predictions of Qian & Wasserburg (2001b, 2002) three component phenomenological model.

r-process elements. As in Qian & Wasserburg (2001a), the total number of H events that contributed to the abundances of CS 31082-001 can be computed as $n_H \simeq 52$ from the observed Eu abundance in this star (predictions for the other r-process elements are made according to empirical yields determined from the observed neutron-capture elements abundances in CS 22892-052 and HD 115444), while the P component is responsible for all elements Na-Zn (where the yields are computed in Qian & Wasserburg (2002) directly from the observed abundances of extremely metal poor stars, HD 115444 in this case). The overall excellent agreement between the observed abundances in CS 31082-001 and the predictions of Qian & Wasserburg seen in Fig. 13 is therefore showing primarily, (i) that the abundances Na-Zn of CS 31082-001 are in very good agreement with *normal* extremely metal poor stars; (ii) that the neutron-capture pattern up to $Z = 70$ is also in very good agreement with their H yields (i.e. very close to the abundances of CS 22892-052) and (iii) that the Os, Th and U abundances are above the predictions, as previously discussed in this section.

6. The age of CS 31082-001

The very low metallicity of CS 31082-001, well below that of the most metal-poor globular clusters, shows that it was formed in the earliest star formation episodes, either in the Galaxy or in a substructure which later merged with the Galaxy. Comparison with the metallicity of damped Ly-α systems at high redshift (Lu et al. 1996; Vladilo et al. 2000) shows that the matter in CS 31082-001 probably originated at an epoch earlier than $z = 5$. Assuming $\Omega_0 = 0.3$, H_0 in the plausible range 65–75 km s^{-1}/Mpc, and a flat geometry (de Bernardis et al. 2000), the Big Bang occurred about 0.5 Gyr before the epoch $z = 10$, and 1 Gyr before $z = 5$. Accordingly, the age of the progenitor of CS 31082-001, as determined from the U/Th

clock, provides a lower limit to the age of the Universe which is *very* close to that age itself.

Dating matter from the decay of a radioactive isotope is simple in principle, provided that the ratio of the radioactive nuclide to a stable reference element produced at the same time can be inferred. Let $(R/S)_0$ be the initial production ratio of a radioactive nuclide, R, to a stable one, S, and $(R/S)_{\text{now}}$ be the value of that ratio observed today. The time for R/S to decay by a factor of 10 is then $\tau_{10} = \tau/\log(2)$, where τ is the half-life of R. For ^{232}Th and ^{238}U ($\tau = 14.05$ and 4.47 Gyr, respectively), this yields the following expressions for the time Δt (in Gyrs) elapsed since the production of these elements:

$$\Delta t = 46.67[\log(\text{Th}/\text{S}_0) - \log(\text{Th}/\text{S}_{\text{now}})] \tag{1}$$

$$\Delta t = 14.84[\log(\text{U}/\text{S}_0) - \log(\text{U}/\text{S}_{\text{now}})]. \tag{2}$$

These relations show that, if the right-hand sides can be evaluated to a realistic accuracy of 0.1 dex, the corresponding error on Δt becomes 4.7 Gyr for Th and 1.5 Gyr for U, demonstrating immediately the huge advantage of U over the previously used Th in cosmochronometry. However, finding a stable r-process element that permits a spectroscopic determination of $(R/S)_{\text{now}}$, and a theoretical prediction of $(R/S)_0$, with a *combined overall* error of 0.1 dex is a significant, unsolved problem.

Hence, we look to an obvious alternative. Substituting Th for the stable element S in Eq. (2) above, we obtain:

$$\Delta t = 21.76[\log(\text{U}/\text{Th}_0) - \log(\text{U}/\text{Th}_{\text{now}})]. \tag{3}$$

Thus, for a given uncertainty in the decay of the U/Th ratio, the error in Δt is 50% larger than for U alone, but still a factor of two better than for Th alone. Adopting the slightly radioactive, but structurally very similar Th, as the reference element for U leads to great gains in accuracy of both terms on the right-hand side of Eq. (3). First, the ionization and excitation potentials of the atomic levels giving rise to the observed spectral lines are similar, so that errors in the model atmospheres and assumed parameters largely cancel in the ratio U/Th (see Table 6). Second, the initial production ratio of the neighboring nuclides ^{238}U and ^{232}Th should be far less sensitive to variations in the poorly-known characteristics of the neutron exposure(s) occurring in the explosion of progenitor than the ratios of nuclides more widely separated in mass, such as ^{232}Th and $^{151-153}$Eu (Goriely & Clerbaux 1999).

Much progress has already been made on both fronts since the publication of our discovery paper (Cayrel et al. 2001). First, the oscillator strengths of the single U II line and eight of the Th II lines that we have measured in CS 31082-001 have been re-determined (Sect. 4.5). The change in the U/Th abundance ratio is quite significant, revising the log(U/Th) from the previous value of -0.74 ± 0.15 to -0.94 ± 0.11. Using the same initial production ratio as in Cayrel et al. (2001), this leads to an age of almost 17 Gyr, 4.3 Gyr greater than that originally published. By contrast, use of the conventional Th/Eu chronometer

(Cowan et al. 1999) leads instead to a slightly negative (!), or at most a T-Tauri like age for CS 31082-001.

Fortunately, there has also been progress regarding predictions of the initial production ratio for these elements. In a recent paper, Goriely & Arnould (2001) review in great detail the production of the actinides in the light of the Solar System data. Although they conclude that no current solution explains the Solar System data exactly, stretching the lower and upper limits of the production ranges by just 0.1 dex makes 10 of the 32 cases they consider acceptable. The corresponding production ratios range from 0.48 to 0.54, with a mean of 0.50 ± 0.02, close to the value of 0.556 (from Cowan et al. 1999) cited by Cayrel et al. (2001). Combined with our newly measured U/Th ratio, this leads to an age of 14.0 ± 2.4 Gyr for the Th and U in CS 31082-001 (where the error refers only to the uncertainty on the observed U/Th ratio). This is a quite reasonable value, inspiring some hope that the predicted production ratio of U/Th is fairly robust.

At this point, it is impossible to assign a reliable error estimate to this age, given the lack of observational constraints on the production ratio of U/Th from other species that might have experienced the same neutron exposure. Verification of the predicted abundances of the decay products Pb and Bi, the direct descendants of U and Th, is therefore of particular importance. No useful lines of these elements are measurable, even in our high-quality VLT/UVES spectra of CS 31082-001, and we suspect that they may remain unmeasurable, regardless of improvements in future ground-based facilities. Fortunately, time on the Hubble Space Telescope has been assigned to obtain a high-resolution UV spectrum of CS 31082-001, where the strong resonance lines of these species might indeed be detected.

Let us note also that using the upper limit $\log \epsilon(\mathrm{U}) \leq -2.54$ of Gustafsson & Mitzuno-Wiedner (2001, modified to account for the new gf of the U line) for uranium in CS 22892-052, and the thorium abundance $\log \epsilon(\mathrm{Th}) = -1.60$ of Sneden et al. (2000a), the ratio U/Th ≤ -0.94 in CS 22892-052 is fully compatible with the one of CS 31082-001. Hence, despite a difference in the overall thorium content of the two stars, their ages derived from the U/Th ratio is fully consistent.

7. Conclusions and future work

The apparent brightness, very low [Fe/H], and enormous r-process enhancement, in combination with the lack of molecular blanketing, makes CS 31082-001 a uniquely favorable object for study of the r-process nucleosynthesis history in the early Galaxy. The most conspicuous result of these characteristics is the breakthrough in the measurement of the abundance of uranium in this very old star, facilitated by our excellent VLT/UVES spectra, which enable the determination of accurate abundances for 41 (plus 2 upper limits – N and Pb – and 3 detections which could not be translated into accurate

determinations – Ho, Lu and Yb – due to a lack of input atomic physics) other elements as well. But the importance of CS 31082-001 extends further, as it has provided the first solid evidence that variations in progenitor mass, explosion energy, distance to dense interstellar clouds, and/or other intrinsic and environmental factors preceding the formation of the extreme halo stars, may produce significantly different r-process abundance patterns from star to star in the actinide region ($Z \geq 90$).

A striking consequence of these variations is the *complete failure of the conventional Th/Eu chronometer* in CS 31082-001, assuming an initial production ratio for the pair as in CS 22892-052, or as in the r-process elements of the Solar System. No such problem is seen for the pair U/Th, which leads to an age of 14.0 ± 2.4 Gyr (not including systematic errors in the initial production ratio). This suggests that the closely similar masses and nuclear structures of ^{238}U and ^{232}Th lead to a more stable production ratio between these two nuclides than, e.g., that of ^{232}Th and $^{151-153}$Eu. However, further studies are needed of the robustness of the U/Th ratio produced by exposing iron nuclei to neutron exposures of various strengths, as well as of the abundances of the daughter elements of their decay, Pb and Bi.

Observations in CS 31082-001 itself of the Pb and Bi created in the same neutron exposure event as U and Th, and by their subsequent decay, will be particularly crucial as constraints on the predicted production ratios of all r-process elements. Of equal importance is the continuation of searches for new r-process-enhanced metal-poor stars, so that better measures of the star-to-star variation in the observed patterns of the r-process elements, in particular those of the third-peak and the actinides, may be obtained.

Acknowledgements. This research has made use of the Simbad database, operated at CDS, Strasbourg, France. We are grateful to Pr. Johansson and his group for their timely response to our request for accurate lifetime measurements of uranium and thorium electronic levels. BN and JA thank the Carlsberg Foundation and the Swedish and Danish Natural Science Research Councils for financial support for this work. T.C.B acknowledges partial support from grants AST 00-98549 and AST 00-98508 from the U.S. National Science Foundation.

Appendix A: Line list and atomic data

We list in this table all the lines of neutron-capture elements that were used to derive abundances. The wavelengths, excitation potentials, and oscillator strengths are listed, together with references for the oscillator strengths. Also listed are the equivalent widths of the lines in CS 31082-001, and the derived abundances. The word "syn" in Col. 5 denotes that spectral synthesis techniques were used rather than the equivalent width to derive the abundance.

Table A.1. Linelist, equivalent width and abundances for the neutron-capture elements in CS 31082-001.

λ (Å)	Exc. Pot. (eV)	log gf	Ref.	W (mÅ)	log ϵ
Sr II					
4077.709	0.00	0.170	1	syn	0.70
4161.792	2.94	−0.600	1	syn	0.75
4215.519	0.00	−0.170	1	syn	0.70
Y II					
3774.331	0.13	0.210	2	86.0	−0.29
3788.694	0.10	−0.070	2	83.0	−0.14
3818.341	0.13	−0.980	2	45.0	−0.15
3950.352	0.10	−0.490	2	69.4	−0.16
4398.013	0.13	−1.000	2	45.0	−0.23
4883.684	1.08	0.070	2	42.4	−0.27
5087.416	1.08	−0.170	2	28.6	−0.32
5123.211	0.99	−0.830	2	10.6	−0.30
5200.406	0.99	−0.570	2	19.8	−0.25
5205.724	1.03	−0.340	2	26.0	−0.28
Zr II					
3836.762	0.56	−0.060	3	61.0	0.24
4161.213	0.71	−0.720	3	40.0	0.57
4208.977	0.71	−0.460	3	45.0	0.40
4317.299	0.71	−1.380	3	13.0	0.54
4496.980	0.71	−0.590	3	35.0	0.30
Nb II					
3215.591	0.44	−0.190	4[a]	syn	−0.55
Ru I					
3436.736	0.15	0.015	5[a]	syn	0.40
3498.942	0.00	0.310	5[a]	syn	0.28
3728.025	0.00	0.270	5[a]	syn	0.20
3798.898	0.15	−0.040	5[a]	syn	0.40
3799.349	0.00	0.020	5[a]	syn	0.45
Rh I					
3396.819	0.00	0.050	4[a]	syn	−0.40
3434.885	0.00	0.450	4[a]	syn	−0.45
3692.358	0.00	0.174	4[a]	syn	−0.40
Pd I					
3242.700	0.81	−0.070	4[a]	syn	0.00
3404.579	0.81	0.320	4[a]	syn	−0.18
3634.690	0.81	0.090	4[a]	syn	0.00
Ag I					
3280.679	0.00	−0.050	4[a]	syn	−0.95
3382.889	0.00	−0.377	4[a]	syn	−0.70

Table A.1. continued.

λ (Å)	Exc. Pot. (eV)	log gf	Ref.	W (mÅ)	log ϵ
Ba II					
3891.776	2.51	0.280	6	syn	0.15
4130.645	2.72	0.560	6	syn	0.20
4554.029	0.00	0.170	6	syn	0.40
4934.076	0.00	−0.150	6	syn	0.60
5853.668	0.60	−1.010	6	syn	0.50
6141.713	0.70	−0.070	6	syn	0.40
La II					
3849.006	0.00	−0.450	7[a]	syn	−0.60
4086.709	0.00	−0.070	7[b]	syn	−0.55
4123.218	0.32	0.130	7[b]	syn	−0.65
5122.988	0.32	−0.850	7[b]	syn	−0.58
6320.376	0.17	−1.520	7[b]	7.0	−0.61
Ce II					
4073.474	0.48	0.320	8	26.3	−0.45
4083.222	0.70	0.240	8	21.0	−0.24
4120.827	0.32	−0.240	8	16.0	−0.37
4127.364	0.68	0.240	8	21.0	−0.27
4222.597	0.12	−0.180	1	33.0	−0.25
4418.780	0.86	0.310	8	14.0	−0.38
4486.909	0.30	−0.360	1	22.0	−0.14
4562.359	0.48	0.330	1	31.0	−0.41
4628.161	0.52	0.260	1	26.6	−0.40
Pr II					
3964.262	0.22	−0.400	8	syn	−0.80
3964.812	0.05	0.090	9	28.0	−0.99
3965.253	0.20	−0.130	9	18.0	−0.84
4062.805	0.42	0.330	10	37.0	−0.70
5220.108	0.80	0.170	9	7.3	−1.01
5259.728	0.63	−0.070	9	8.1	−0.93
Nd II					
3973.260	0.63	0.430	11	syn	−0.17
4018.823	0.06	−0.880	12	19.0	−0.20
4021.327	0.32	−0.170	13	35.0	−0.22
4061.080	0.47	0.300	11	62.0	0.07
4069.265	0.06	−0.400	13	34.4	−0.32
4109.448	0.32	0.180	11	syn	0.15
4232.374	0.06	−0.350	13	34.5	−0.39
4446.384	0.20	−0.630	12	35.0	0.04
4462.979	0.56	−0.070	11	38.0	−0.03
5130.586	1.30	0.100	11	13.3	−0.00
5212.361	0.20	−0.700	13	14.6	−0.48
5234.194	0.55	−0.460	12	16.0	−0.25
5249.576	0.98	0.080	14	20.0	−0.16
5293.163	0.82	−0.200	14	21.3	−0.04
5311.453	0.99	−0.560	14	5.4	−0.16
5319.815	0.55	−0.350	14	27.7	−0.06
5361.467	0.68	−0.400	13	12.6	−0.29
5442.264	0.68	−0.900	13	4.2	−0.31
Sm II					
3793.978	0.10	−0.500	15	19.0	−0.71
3896.972	0.04	−0.580	15	21.0	−0.66
4023.222	0.04	−0.830	15	16.0	−0.57
4068.324	0.43	−0.710	15	7.0	−0.65
4318.927	0.28	−0.270	15	33.0	−0.45
4499.475	0.25	−1.010	15	13.0	−0.30
4519.630	0.54	−0.430	15	18.0	−0.37
4537.941	0.48	−0.230	15	16.0	−0.71
4577.688	0.25	−0.770	15	18.0	−0.38

Table A.1. continued.

λ (Å)	Exc. Pot. (eV)	log gf	Ref.	W (mÅ)	log ε
Eu II					
3724.931	0.00	−0.090	16[b]	syn	−0.59
3930.499	0.21	0.270	16[b]	syn	−0.78
3971.972	0.21	0.270	16[b]	syn	−0.84
4129.725	0.00	0.220	16[b]	syn	−0.77
4205.042	0.00	0.210	16[b]	syn	−0.66
4435.578	0.21	−0.110	16[b]	syn	−0.76
4522.581	0.21	−0.670	16[b]	syn	−0.91
6437.640	1.32	−0.320	16[b]	syn	−0.88
6645.064	1.38	0.120	16[b]	3.0	−0.72
Gd II					
3768.396	0.08	0.250	17	61.0	−0.33
3796.384	0.03	0.030	18	63.0	−0.13
3836.915	0.49	−0.320	4[a]	19.0	−0.27
3844.578	0.14	−0.510	17	30.0	−0.22
3916.509	0.60	0.060	17	22.0	−0.45
4037.893	0.73	0.070	18	15.0	−0.53
4085.558	0.56	−0.230	18	17.0	−0.37
4130.366	0.73	0.140	18[a]	25.0	−0.32
4191.075	0.43	−0.680	17	18.0	−0.06
Tb II					
3658.886	0.13	−0.010	19[b]	12.5	−1.27
3702.853	0.13	0.440	19[b]	33.0	−1.19
3848.734	0.00	0.280	19[b]	38.0	−1.34
3874.168	0.00	0.270	19[b]	29.0	−1.19
3899.188	0.37	0.330	19[b]	17.0	−1.23
4002.566	0.64	0.100	19[b]	4.0	−1.38
4005.467	0.13	−0.020	19[b]	17.3	−1.23
Dy II					
3869.864	0.00	−0.940	20	29.3	−0.21
3996.689	0.59	−0.190	20	32.6	−0.20
4011.285	0.93	−0.630	20	5.5	−0.32
4103.306	0.10	−0.370	20	61.2	−0.01
4468.138	0.10	−1.500	20	8.5	−0.27
5169.688	0.10	−1.660	20	5.5	−0.38
Er II					
3692.649	0.05	0.138	21	syn	−0.25
3786.836	0.00	−0.640	21	46.0	−0.26
3830.482	0.00	−0.360	21	58.5	−0.26
3896.234	0.05	−0.240	22	64.0	−0.19
3938.626	0.00	−0.520	8	38.0	−0.40
Tm II					
3700.256	0.03	−0.290	8	25.0	−1.28
3761.333	0.00	−0.250	8	syn	−1.10
3795.760	0.03	−0.170	8	28.0	−1.34
3848.020	0.00	−0.520	8	syn	−1.25
Hf II					
3399.793	0.00	−0.490	23	syn	−0.50
3719.276	0.61	−0.870	8	syn	−0.70
Os I					
4135.775	0.52	−1.260	8	9.0+syn	0.52
4260.848	0.00	−1.440	8	12.0+syn	0.21
4420.468	0.00	−1.530	24	syn	0.50
Ir I					
3513.648	0.00	−1.260	4[a]	34.0+syn	0.20
3800.120	0.00	−1.450	4[a]	syn	0.20
Pb I					
4057.807	1.32	−0.170	25[a]	syn	< −0.2

Table A.1. continued.

λ (Å)	Exc. Pot. (eV)	log gf	Ref.	W (mÅ)	log ε
Th II					
3351.229	0.19	−0.600	26[a]	7.0+syn	−0.95
3433.999	0.23	−0.537	26[a]	10.0+syn	−1.05
3435.977	0.00	−0.670	26[a]	14.0+syn	−1.05
3469.921	0.51	−0.129	26[a]	10.0+syn	−1.00
3675.567	0.19	−0.840	26[a]	5.0+syn	−0.92
4019.129	0.00	−0.228	26[a]	31.0+syn	−1.03
4086.521	0.00	−0.929	26[b]	10.0+syn	−0.95
4094.747	0.00	−0.885	26[a]	7.0+syn	−0.95
U II					
3859.571	0.036	−0.067	27[a]	syn	−1.92

[a] Not in Sneden et al. (1996).

[b] log gf different than in Sneden et al. (1996).

1: Gratton & Sneden (1994); 2: Hannaford et al. (1982); 3: Biémont et al. (1981); 4: VALD: Bell heavy; 5: Wickliffe et al. (1994); 6: Gallagher (1967); 7: Lawler et al. (2001a); 8: Sneden et al. (1996) (From Kurucz compilation); 9: Goly et al. (1991); 10: Goly et al. (1991), Lage & Whaling (1976); 11: Maier & Whaling (1977); 12: Ward et al. (1984, 1985), modified (Sneden et al. 1996); 13: Corliss & Bozman (1962), modified (Sneden et al. 1996); 14: Maier & Whaling (1977), Ward et al. (1984, 1985); 15: Biemont et al. (1989); 16: Lawler et al. (2001b); 17: Corliss & Bozman (1962); 18: Bergström et al. (1988); 18: Bergstrom et al. (1988); 19: Lawler et al. (2001c); 20: Kusz (1992); 21: Musiol & Labuz (1993); 22: Biémont & Youssef (1984); 23: Andersen et al. (1975); 24: Kwiatkowski et al. (1984); 25: Reader & Sansonetti (1986); 26: Nilsson et al. (2001a); 27: Nilsson et al. (2001b).

References

Alvarez, R., & Plez, B. 1998, A&A, 330, 1109

Alonso, A., Arribas, S., & Martínez-Roger, C. 1999, A&AS, 139, 335

Anders, E., & Grevesse, N. 1989, Geochim. Cosmochim. Acta, 53, 197

Andersen, T., Poulsen, O., & Ramanujam, P. S. 1975, Sol. Phys., 44, 257

Anstee, S. D., & O'Mara, B. J. 1995, MNRAS, 276, 859

Anthony-Twarog, B. J., & Twarog, B. 2000, AJ, 119, 2282

Aoki, W., Norris, J. E., Ryan, S. G., Beers, T. C., & Ando, H. 2000, ApJ, 536, L97

Arlandini, C., Käppeler, F., Wisshak, K., et al. 1999, ApJ, 525, 886

Asplund, M., & García Pérez, A. E. 2001, A&A, 372, 601

Asplund, M., Gustafsson, B., Kiselman, D., & Eriksson, K. 1997, A&A, 318, 521

Barbuy, B. 1988, A&A, 191, 121

Barklem, P. S., & O'Mara, B. J. 1997, MNRAS, 290, 102

Barklem, P. S., O'Mara, B. J., & Ross, J. E. 1998, MNRAS, 296, 1057

Bauschlicher, C. W., Langhoff, S. R., & Taylor, P. R. 1988, ApJ, 332, 531

Beers, T. C., Preston, G. W., & Schectman, S. A. 1992, AJ, 103, 1987

135

578   V. Hill et al.: First stars. I. The extreme *r*-element rich, iron-poor halo giant CS 31082-001

Beers, T. C. 1999, in Third Stromlo Symp.: The Galactic Halo, ed. B. Gibson, T. Axelrod, & M. Putman (San Francisco: ASP), 165, 206

Beers, T. C., Flynn, C., Rossi, S., et al. 2002a, in preparation

Beers, T. C., Rossi, S., Anthony-Twarog, B., et al. 2002b, in preparation

de Bernardis, P., Ade, P. A. R., Bock, J. J., et al. 2000, Nature, 404, 955

Bergström, H., Biémont, E., Lundberg, H., & Persson, A. 1988, A&A, 192, 335

Bessell, M., & Norris, J. 1984, ApJ, 285, 622

Biémont, E., Grevesse, N., Hannaford, P., & Lowe, R. M. 1981, ApJ, 248, 867

Biémont, E., & Youssef, N. H. 1984, A&A, 140, 177

Biémont, E., Grevesse, N., Hannaford, P., & Lowe, R. M. 1989, A&A, 222, 307

Biémont, E., & Lowe, R. M. 1993, A&A, 273, 665

Boesgaard, A. M., King, J. R., Deliyannis, C. P., & Vogt, S. S. 1999, AJ, 117, 492

Burbidge, G. R., & Burbidge, E. M. 1955, ApJS, 1, 431

Burstein, D., & Heiles, C. 1982, AJ, 87, 1165

Burris, D. L., Pilachowski, C. A., Armandroff, T. E., et al. 2000, ApJ, 544, 302

Cayrel, R. 1996, A&AR, 7, 217

Cayrel, R., Hill, V., Beers, T. C., et al. 2001, Nature, 409, 691

Cerny, D., Bacis, R., Guelachvili, G., & Roux, F. 1978, JMS, 73, 154

Colarusso , P., Lebeault-Dorget, M.-A., & Simard, B. 1997, Phys. Rev., 55, 1526

Corliss, C. H., & Bozman, W. R. 1962, Experimental Transition Probabilities for Spectral lines of Seventy Elements (NBS Monograph 32) (Washington: GPO)

Cowan, J. J., Pfeiffer, B., Kratz, K.-L., et al. 1999, ApJ, 521, 194

Cowley, R. C., Aikman, G. C. C., & Fisher, W. A. 1977, Publ. Dom. Astrophys. Obs. Victoria, 15, 37

Crawford, J. L., Sneden, C., King, J. R., Boesgaard, A. M., & Delyannis, C. 1998, AJ, 116, 2489

Cutri, R. M., Skrutskie, M. F., van Dyk, S., et al. 2000, Second Incremental Data Release Explanatory Supplement, http://www.ipac.caltech.edu/ 2mass/releases/second/doc/explsup.html

Dekker, H., D'Odorico, S., Kaufer, A., Delabre, B., & Kotzlowski, H. 2000, in Optical and IR Telescope Instrumentation and Detectors, ed. Masanori Iye and Alan F. Moorwood, Proc. SPIE 4008, 534

Depagne, E., et al. 2002, in preparation

Edvardsson, B., Andersen, J., Gustafsson, B., et al. 1993, A&A, 275, 101

Fouqué, P., Chevallier, L., Cohen, M., et al. 2000, A&AS, 141, 313

Gallagher, A. 1967, Phys. Rev., 157, 24

Goly, A., Kusz, J., Nguyen Quang, B., & Weniger, S. 1991, J. Quant. Spectrosc. Radiat. Transfer, 45, 157

Goriely, S., & Arnould, M. 2001, A&A, in press

Goriely, S., & Clerbaux, B. 1999, A&A, 346, 798

Gratton, R. G., & Sneden, C. 1994, A&A, 287, 927

Gustafsson, B., Bell. R. A., Eriksson, K., & Nordlund, Å. 1975, A&A, 42, 407

Gustafsson, B., & Mitzuno-Wiedner, M. 2001 in Astrophysical Timescales, PASP Conf. Ser., 245, 271

Hannaford, P., Lowe, R. M., Grevesse, N., Biémont, E., & Whaling, W. 1982, ApJ, 261, 736

Hill, V., Plez, B., Cayrel, C., & Beers, T. 2001 in Astrophysical Timescales, PASP Conf. Ser., 245, 316

Israelian, G., García López, R., Ramón, J., & Rebolo, R. 1998, ApJ, 507, 805

Ito, H., Ozaki, Y., Suzuki, K., Kondow, T., & Kuchitsu, K. 1988, JMS, 127, 283

Ivanova, D. V., & Shimanskii, V. V. 2000, Astr. Rep., 44, 376

Jaschek, M., & Malaroda, S. 1970, Nature, 225, 246

Johnson, J., & Bolte, M. 2001, ApJ, 554, 888

Jørgensen, U. G., Larsson, M., Iwamae, A., & Yu, B. 1996, A&A, 315, 204

Käppeler, F., Beer, H., & Wisshak, K. 1989, Rep. Prog. Phys., 52, 945

Kotlar, A. J., Field, R. W., & Steinfeld, J. I. 1980, JMS, 80, 86

Kupka, F., Piskunov, N. E., Ryabchikova, T. A., Stempels, H. C., & Weiss, W. W. 1999, A&AS, 138, 119

Kurucz, R. L. 1993, CD-rom, 15

Kusz, J. 1992, A&AS, 92, 517

Kwiatkowski, M., Zimmermann, P., Biémont, E., & Grevesse, N. 1984, A&A, 135, 59

Lage, C. S., & Whaling, W. 1976, J. Quant. Spectrosc. Radiat. Transfer, 16, 537

Larsson, M., Siegbahn, P. E. M., & Agren, H. 1983, ApJ, 272, 369

Lawler, J. E., Bonvallet, G., & Sneden, C. 2001a, ApJ, 556, 452

Lawler, J. E., Wickliffe, M. E., Sen Harog, E. A., & Sneden, C. 2001b, ApJ, 563, 1075

Lawler, J. E., Wickliffe, M. E., Cowley, C. R., & Sneden, C. 2001c, ApJS, 137, 341

Lu, L., Sargent, W. W., Barlow, T. A., Churchill, C. W., & Vogt, S. S. 1996, ApJS, 107, 475

Luque, R., & Crosley, D. R. 1999, SRI Int. Rep. MP 99-009

Maier, R. S., & Whaling, W. 1977, J. Quant. Spectrosc. Radiat. Transfer, 18, 501

McWilliam, A., Preston, G. W., Sneden, C., & Searle, L. 1995, AJ, 109, 2757

Meyer, D. M., & Roth, K. C. 1991, ApJ, 376, L49

Michaud, G., Charland, Y., Vauclair, S., & Vauclair, G. 1976, ApJ, 210, 447

Moore, C. E. 1970, Ionization potentials and Ionization Limits Derived from the Analyses of Optical Spectra, Natl. Bur Stand. (US) Circ. No. NSRDS-NBS 34 (U.S. GPO Washington D.C., 1970)

Musiol, K., & Labuz, S. 1993, Phys. Scr., 27, 422

Nilsson, H., Ivarsson, S., Johansson, S., & Lundberg, H. 2001, A&A, 381, 1090

Nilsson, H., Zhang, Z., Lundberg, H., Johansson, S., & Nordström, B. 2001, A&A, 382, 368

Nissen, P., Primas, F., & Asplund, M. 2001, New Astron. Rev., 45, 545

Norris, J. E., Ryan, S. G., & Beers, T. C. 2001, ApJ, 561, 1034

Pagel, B., & Tautvaišienè, G. 1997, MNRAS, 288, 108

Plez, B. 1998, A&A, 337, 495

Plez, B., Brett, J. M., & Nordlund, Å. 1992, A&A, 256, 551

Plez, B., Smith, V. V., & Lambert, D. L. 1993, ApJ, 418, 812

Prantzos, N., Hashimoto, M., & Nomoto, K. 1990, A&A, 234, 211

Prasad, C. V. V., & Bernath, P. F. 1992, JMS, 156, 327

Prasad, C. V. V., Bernath, P. F., Frum, C., & Engleman, R. Jr. 1992, JMS, 151, 459

Qian, Y.-Z., & Wasserburg, G. J. 2001a, 552, L55

Qian, Y.-Z., & Wasserburg, G. J. 2001b, 559, 925

Qian, Y.-Z., & Wasserburg, G. J. 2002, 567, 515

Reader, J., & Sansonetti, C. J. 1986, Phys. Rev., 33, 1440

Rehfuss, B. D., Suh, M. H., & Miller, T. A. 1992, JMS, 151, 437

Ryan, S. G., Norris, J. E., & Beers, T. C. 1992, ApJ, 471, 254

Schatz, H., Toejnes, R., Kratz, K.-L., et al. 2002, in preparation

Schlegel, D. J., Finkbeiner, D. P., & Davis, M. 1998, ApJ, 500, 525

Sneden, C., McWilliam, A., Preston, G. W., et al. 1996, ApJ, 467, 819

Sneden, C., Cowan, J. J., Burris, D. L., & Truran, J. W. 1998, ApJ, 496, 235

Sneden, C., Cowan, J. J., Ivans, I. I., et al. 2000a, ApJ, 533, L139

Sneden, C., Johnson, J., Kraft, R. P., et al. 2000b, ApJ, 536, L85

Sneden, C., & Primas, F. 2001, New Astron. Rev., 45, 545

Sneden, C., Cowan, J. J., Lawler, J. E., et al. 2002, ApJ, 556, L25

Spite, M. 1967, Ann. Astrophys., 30, 211

Tsujimoto, T., Shigeyama, T., & Yoshii, Y. 2000, ApJ, 531, L33

Umeda, H., & Nomoto, K. 2002, ApJ, 565, 385

Van Eck, S., Goriely, S., Jorissen, A., & Plez, B. 2001, Nature, 412, 793

Vladilo, G., Bonifacio, P., Centurión, M., & Molaro, P. 2000, ApJ, 543, 24

Ward, L., Vogel, O., Ahnesjö, A., et al. 1984, Phys. Scr., 29, 551

Ward, L., Vogel, O., Arnesan, A., Hallin, R., & Wännström, A. 1985, Phys. Scr., 31, 161

Westin, J., Sneden, C., Gustafsson, B., & Cowan, J. J. 2000, ApJ, 530, 783

Wickliffe, M. E., Salih, A., & Lawler, J. E. 1994, JQSRT, 51, 545

Wisshak, K., Voss, F., & Käppeler, F. 1996, in Proc. 8th Workshop on Nuclear Astrophysics, ed. W. Hillebrandt, & E. Müller (Munich, MPI), 16

137

Annexe F

Largeurs équivalentes

TAB. F.1: Table des largeurs équivalentes mesurées dans 7 étoiles de notre échantillon. La table complète est disponbile en version électronique

Largeurs équivalentes des raies dans nos étoiles.

	loggf	χ_{ex}	BD173248	HD2796	HD186478	HD122563	CS30325-094	CS29518-051	CS29495-041
Li I									
6707,761	0,000	0,002	0,0	0,0	0,0	0,0	0,0	0,0	4,2
6707,912	0,000	0,299	0,0	0,0	0,0	0,0	0,0	0,0	2,1
O I									
6300,304	0,000	-9,72	6,7	4,1	9,3	6,4	0,8	2,1	3,8
Na I									
5889,951	0,000	0,112	220,0	188,0	191,0	191,0	113,2	142,5	155,5
5895,924	0,000	-0,191	180,0	168,4	168,3	149,0	86,5	124,2	141,3
Mg I									
3829,355	2,710	-0,207	185,2	189,5	202,3	189,1	131,5	151,1	167,4
3832,304	2,710	0,146	234,9	216,7	234,4	213,5	158,9	174,7	200,9
3838,290	2,720	0,41	272,2	239,2	0,0	247,3	160,8	201,6	218,4
4167,271	4,340	-1,000	0,0	58,9	69,3	49,3	20,0	40,7	50,8
4351,906	4,340	-0,525	0,0	0,0	83,2	63,5	0,0	0,0	60,6
4571,096	0,000	-5,393	55,5	63,1	97,9	85,1	20,2	34,7	0,0
5172,684	2,710	-0,380	192,1	201,2	225,4	204,5	138,2	163,3	185,1
5183,604	2,720	-0,158	216,2	231,2	254,7	226,7	149,9	182,8	189,6
5528,405	4,340	-0,341	90,7	83,9	95,6	76,7	32,1	57,4	65,9
Al I									
3944,006	0,000	-0,640	109,6	121,4	132,0	136,0	75,8	86,0	104,5
3961,520	0,010	-0,340	128,0	140,0	153,2	147,2	91,8	94,6	121,4
Si I									
3905,523	1,910	-1,090	188,4	203,2	0,0	209,7	158,3	173,9	183,1
4102,936	1,910	-3,140	103,4	83,5	91,8	86,4	48,9	53,6	67,1
5690,425	4,930	-1,870	0,0	0,0	0,0	0,0	0,0	0,0	0,0
5684,484	4,954	-1,650	0,0	0,0	0,0	0,0	0,0	0,0	0,0
5948,541	5,082	-1,230	0,0	0,0	0,0	0,0	0,0	0,0	0,0
K I									
7664,911	0,000	0,130	91,0	79,8	93,0	0,0	30,0	30,0	52,9

Table à suivre

TAB. F.1: Table des largeurs équivalentes mesurées dans 7 étoiles de notre échantillon. La table complète est disponbile en version électronique

				Largeurs équivalentes des raies dans nos étoiles.					
7698,974	0,000	-0,170	64,9	49,9	56,0	44,8	0,0	25,0	36,1
Ca I									
4226,728	0,000	0,240	194,2	210,7	224,1	196,5	138,0	168,8	189,3
4283,011	1,890	-0,220	72,7	70,4	82,3	62,3	26,8	45,2	62,6
4318,652	1,900	-0,210	36,7	61,4	70,7	54,7	21,1	46,1	50,2
4425,437	1,880	-0,360	66,0	58,2	64,9	51,8	19,2	36,6	47,3
4435,679	1,890	-0,520	0,0	56,6	73,0	41,8	14,1	29,4	39,7
4454,779	1,900	0,260	91,3	89,5	100,7	76,1	43,2	64,4	77,0
5265,556	2,520	-0,260	46,2	34,0	41,8	27,1	8,8	20,4	23,0
5349,465	2,710	-0,310	24,3	15,3	22,6	14,4	4,1	11,0	10,5
5581,965	2,520	-0,710	25,4	20,3	23,7	12,8	4,4	9,2	11,4
5588,749	2,520	0,210	68,8	60,5	65,4	50,1	19,4	39,3	45,2
5590,114	2,520	-0,710	22,9	16,8	21,3	12,6	3,0	9,8	11,1
5601,277	2,520	-0,690	25,3	17,6	21,7	13,1	3,9	10,4	10,9
5857,451	2,930	0,230	42,2	33,7	38,0	22,5	8,0	18,9	20,8
6102,723	1,880	-0,790	52,6	44,8	55,5	38,7	10,8	24,2	32,6
6122,217	1,890	-0,320	81,2	73,4	85,7	69,4	27,2	48,7	58,7
6162,173	1,900	-0,090	95,1	88,7	99,1	83,4	34,6	58,5	73,1
6439,075	2,520	0,470	79,0	69,9	78,4	61,3	23,8	43,9	52,2
Sc II									
4246,822	0,310	0,240	138,5	131,9	138,7	133,9	91,9	92,0	117,0
4314,083	0,620	-0,100	0,0	114,5	117,8	113,9	67,7	67,2	96,9
4400,389	0,610	-0,540	85,0	80,6	81,5	82,4	38,5	41,5	67,9
4415,557	0,600	-0,670	75,9	78,3	82,7	79,7	36,2	38,6	61,8
5031,021	1,360	-0,400	45,0	42,9	49,2	42,1	11,5	14,1	29,0
5526,790	1,770	0,030	48,8	48,3	47,9	42,1	10,4	13,3	26,6
5657,896	1,510	-0,600	33,9	33,9	37,8	31,4	5,4	6,1	18,1
Ti I									
3385,660	0,050	-1,200	15,2	0,0	0,0	0,0	0,0	20,1	0,0
3385,941	0,050	-0,220	33,5	0,0	0,0	0,0	14,6	28,2	0,0
3998,636	0,050	-0,060	67,6	73,6	83,6	68,7	32,2	48,2	62,0
4533,241	0,850	0,480	58,0	57,5	67,0	52,4	18,9	35,0	48,4
4534,776	0,840	0,280	50,0	43,1	56,3	43,2	15,7	25,5	37,4
4535,568	0,830	0,130	36,7	41,3	47,7	36,2	11,0	21,8	31,2
4981,731	0,840	0,500	65,9	63,5	76,1	62,5	23,2	40,2	51,8
4991,065	0,840	0,380	55,3	60,2	74,6	60,1	19,2	36,6	47,9
4999,503	0,830	0,250	57,2	49,6	65,9	49,3	14,6	30,1	42,2
5014,187	0,000	-1,220	60,8	61,8	39,0	29,2	9,0	15,7	23,4
5014,276	0,810	0,110	60,8	61,8	39,0	29,2	9,0	15,7	23,4
5039,957	0,020	-1,130	26,0	29,3	43,2	31,2	7,0	12,6	20,9
5064,653	0,050	-0,990	29,3	33,0	49,9	36,2	6,5	16,3	26,3
5173,743	0,000	-1,120	27,3	30,6	47,6	33,0	6,5	14,5	22,7
5192,969	0,020	-1,010	41,0	36,1	55,1	38,7	8,0	17,3	28,0
5210,385	0,050	-0,880	36,8	39,0	58,0	42,1	9,3	20,7	30,3
Ti II									
3380,279	0,049	-0,570	218,3	0,0	0,0	0,0	110,1	112,0	0,0

Table à suivre

TAB. F.1: Table des largeurs équivalentes mesurées dans 7 étoiles de notre échantillon. La table complète est disponbile en version électronique

Largeurs équivalentes des raies dans nos étoiles.									
3383,768	0,000	0,142	297,1	0,0	0,0	0,0	124,2	121,0	0,0
3387,846	0,028	-0,432	165,9	0,0	0,0	0,0	112,9	118,1	0,0
3407,211	0,049	-2,000	242,2	0,0	118,8	0,0	60,7	66,1	103,4
3409,821	0,028	-1,890	196,2	0,0	0,0	0,0	0,0	52,7	109,5
3444,314	0,151	-0,810	150,7	0,0	161,1	0,0	105,1	109,6	134,7
3456,388	2,061	-0,230	57,4	0,0	68,3	0,0	26,4	45,9	52,1
3477,187	0,122	-0,967	307,2	0,0	0,0	0,0	77,7	0,0	119,4
3489,741	0,135	-1,920	116,0	0,0	124,0	0,0	64,0	83,2	112,0
3500,340	0,122	-2,020	80,0	0,0	98,3	101,6	49,7	62,6	88,7
3504,896	1,892	0,180	96,7	0,0	97,1	86,5	19,2	66,8	86,6
3510,845	1,893	0,140	88,9	0,0	96,4	82,2	49,6	64,3	75,7
3759,296	0,607	0,270	192,0	0,0	203,4	187,9	145,4	144,8	170,5
3761,323	0,574	0,170	185,6	84,0	204,8	187,1	123,4	142,5	170,7
3913,468	1,116	-0,410	178,6	128,6	135,5	0,0	80,6	93,7	103,5
4012,385	0,574	-1,750	158,3	121,6	107,5	104,6	53,8	70,5	78,6
4028,343	1,892	-0,990	73,9	65,0	69,9	56,5	0,0	32,8	46,8
4290,219	1,165	-0,930	106,5	122,8	120,8	105,7	60,7	73,0	99,4
4300,049	1,180	-0,490	116,4	131,1	0,0	110,8	69,3	85,8	110,0
4337,915	1,080	-0,980	109,0	112,0	108,8	102,0	61,2	69,5	92,0
4394,051	1,221	-1,770	68,7	72,1	76,7	65,3	19,7	32,5	52,0
4395,033	1,084	-0,510	126,4	142,5	124,3	134,2	79,8	92,0	113,3
4395,850	1,243	-1,970	56,6	56,3	57,0	47,3	11,0	24,8	38,2
4399,772	1,237	-1,220	95,2	97,8	98,7	87,7	41,0	60,2	81,3
4417,719	1,165	-1,230	101,7	101,0	107,5	97,7	48,4	64,4	84,2
4418,330	1,237	-1,990	57,4	56,3	63,5	52,8	11,2	23,1	40,5
4443,794	1,080	-0,700	128,0	130,1	127,2	119,7	75,7	88,0	106,1
4444,558	1,116	-2,210	48,5	53,1	60,7	46,5	10,5	21,4	36,6
4450,482	1,084	-1,510	83,6	94,9	97,0	88,5	38,2	55,8	75,3
4464,450	1,161	-1,810	69,0	76,4	79,0	67,2	20,7	36,1	56,0
4468,507	1,131	-0,600	130,3	126,9	132,3	126,0	73,0	89,9	110,4
4470,857	1,165	-2,060	53,3	53,9	59,6	49,4	10,6	22,7	36,8
4501,273	1,116	-0,760	124,5	128,0	125,9	118,2	70,8	88,9	104,9
4533,969	1,237	-0,540	117,8	128,3	124,6	123,3	71,8	87,0	104,8
4563,761	1,221	-0,790	113,3	115,1	118,8	110,4	60,0	79,5	95,8
4571,968	1,572	-0,230	116,6	121,6	124,4	110,7	61,9	81,0	0,0
4865,612	1,116	-2,810	26,8	26,0	35,3	25,0	4,8	9,5	18,2
5129,152	1,892	-1,300	50,5	50,0	56,7	40,8	9,3	20,9	32,4
5185,913	1,893	-1,370	47,6	44,1	48,4	37,3	6,6	17,6	27,3
5188,680	1,582	-1,050	104,8	99,9	92,9	87,4	30,8	52,8	74,7
5226,543	1,566	-1,230	63,4	76,4	80,9	70,2	21,9	42,5	60,2
5336,771	1,582	-1,630	58,6	46,9	64,0	52,6	12,9	25,2	39,2
5381,015	1,566	-1,970	39,3	39,7	0,0	0,0	0,0	0,0	0,0
Cr I									
4254,332	0,000	-0,110	115,2	120,3	120,0	112,1	64,1	83,4	100,2
4274,796	0,000	-0,230	105,5	117,6	118,0	110,8	60,0	80,8	100,5
4289,716	0,000	-0,360	86,7	104,8	113,7	95,5	57,7	72,6	90,2

Table à suivre

TAB. F.1: Table des largeurs équivalentes mesurées dans 7 étoiles de notre échantillon. La table complète est disponbile en version électronique

			Largeurs équivalentes des raies dans nos étoiles.						
5206,038	0,940	0,020	78,3	90,6	94,8	86,3	33,4	55,8	69,4
5208,419	0,940	0,160	0,0	104,0	106,5	95,4	38,5	66,1	77,8
5345,801	1,000	-0,980	32,4	35,0	43,1	30,9	4,7	14,8	19,8
5409,772	1,030	-0,720	44,7	49,7	55,9	43,8	7,6	21,9	29,3
Mn I									
4030,753	0,000	-0,480	107,8	136,2	138,0	134,0	56,5	90,6	116,3
4033,062	0,000	-0,620	113,3	123,0	131,8	127,6	45,8	80,4	99,4
4034,483	0,000	-0,810	97,3	0,0	126,2	116,1	39,7	71,6	93,0
4041,355	2,110	0,290	46,1	48,7	51,0	41,7	3,6	19,3	26,7
4754,042	2,280	-0,090	19,2	19,2	21,4	19,7	0,0	7,2	9,4
4823,524	2,320	0,140	21,2	27,4	29,4	0,0	0,0	0,0	14,6
Fe I									
3392,305	2,200	-1,070	39,4	0,0	0,0	0,0	10,6	30,0	0,0
3392,652	2,180	-0,640	93,1	0,0	0,0	0,0	0,0	48,6	0,0
3399,333	2,200	-0,620	81,2	0,0	0,0	0,0	39,6	64,0	0,0
3406,437	3,270	-0,590	42,4	0,0	67,7	0,0	0,0	35,5	33,3
3407,460	2,180	-0,020	0,0	0,0	119,5	0,0	60,2	63,0	101,3
3413,132	2,200	-0,400	70,4	0,0	103,0	0,0	39,8	55,4	76,2
3418,507	2,220	-0,760	57,6	0,0	71,7	0,0	32,1	49,1	62,1
3427,119	2,180	-0,100	180,4	0,0	0,0	0,0	54,8	0,0	106,7
3428,193	3,300	-0,820	58,2	0,0	0,0	0,0	31,9	48,7	64,0
3440,606	0,000	-0,670	179,5	0,0	0,0	0,0	126,1	133,6	189,4
3440,989	0,050	-0,960	162,9	0,0	0,0	0,0	119,3	124,9	167,3
3443,876	0,090	-1,370	277,8	0,0	155,9	0,0	94,4	95,3	139,1
3445,149	2,200	-0,540	75,0	0,0	90,1	0,0	39,7	54,8	72,0
3452,275	0,960	-1,920	204,0	0,0	219,1	0,0	41,7	48,8	86,4
3465,861	0,110	-1,190	199,0	0,0	0,0	0,0	179,4	164,0	0,0
3475,450	0,090	-1,050	170,0	0,0	0,0	0,0	96,7	88,8	141,0
3476,702	0,120	-1,510	288,6	0,0	0,0	0,0	81,6	82,7	0,0
3490,574	0,050	-1,110	155,0	0,0	0,0	0,0	125,3	124,4	149,5
3497,841	0,110	-1,550	116,5	0,0	157,0	0,0	100,8	109,4	133,3
3521,261	0,910	-0,990	99,9	0,0	124,3	123,1	82,5	85,0	113,5
3536,556	2,870	0,120	69,3	0,0	73,0	65,3	32,5	53,4	60,0
3541,083	2,850	0,250	69,6	0,0	79,7	70,3	38,5	53,9	68,1
3743,362	0,990	-0,790	193,1	173,7	0,0	168,8	94,8	0,0	144,3
3753,611	2,180	-0,890	89,8	84,0	99,1	79,0	37,1	53,7	66,6
3758,233	0,960	-0,030	184,5	0,0	0,0	201,2	125,7	157,0	172,3
3763,789	0,990	-0,240	151,9	0,0	189,5	179,4	118,8	132,0	155,9
3765,539	3,240	0,480	86,5	0,0	87,5	76,7	44,4	64,4	67,5
3767,192	1,010	-0,390	149,8	163,3	174,8	168,1	102,8	118,4	147,1
3786,677	1,010	-2,230	70,5	0,0	100,7	93,5	43,7	0,0	80,5
3787,880	1,010	-0,860	121,9	144,3	148,2	147,0	95,7	105,5	121,5
3805,343	3,300	0,310	74,6	73,8	79,8	62,3	29,1	52,4	57,8
3815,840	1,480	0,240	164,3	172,2	180,6	169,0	112,5	133,7	155,8
3820,425	0,860	0,120	226,6	259,5	0,0	264,5	146,1	185,9	221,5
3824,444	0,000	-1,360	241,2	0,0	0,0	0,0	125,9	149,4	179,7

Table à suivre

Largeurs équivalentes des raies dans nos étoiles.								
3825,881	0,910	-0,040	197,3	213,3	0,0	218,3	136,3	162,8	186,6
3827,823	1,560	0,060	148,9	164,4	166,6	161,5	107,8	116,1	135,5
3840,438	0,990	-0,510	143,1	148,3	178,3	174,5	101,9	121,6	143,7
3849,967	1,010	-0,970	127,7	145,0	152,7	140,0	97,2	108,2	127,4
3850,818	0,990	-1,730	205,5	126,4	133,2	122,0	69,3	83,1	104,5
3856,372	0,050	-1,290	152,0	173,9	183,4	179,1	123,7	131,1	158,6
3859,911	0,000	-0,710	195,3	227,2	241,5	234,9	155,3	177,2	206,6
3865,523	1,010	-0,980	131,0	0,0	149,9	144,6	91,4	106,4	124,8
3878,018	0,960	-0,910	121,4	0,0	149,2	146,5	90,6	107,3	124,0
3878,573	0,090	-1,380	201,8	0,0	0,0	0,0	139,6	0,0	0,0
3886,282	0,050	-1,080	175,6	191,4	211,5	199,4	121,2	143,1	177,0
3887,048	0,910	-1,140	126,3	135,9	150,9	146,8	84,9	98,2	119,7
3895,656	0,110	-1,670	132,4	0,0	158,7	154,7	108,6	111,8	136,1
3899,707	0,090	-1,530	145,0	162,3	173,0	167,5	116,6	120,0	142,6
3920,258	0,120	-1,750	133,6	0,0	153,7	160,4	106,5	108,6	136,9
3922,912	0,050	-1,650	140,0	0,0	170,1	172,2	111,1	118,4	144,5
3997,392	2,730	-0,400	0,0	0,0	0,0	0,0	0,0	0,0	0,0
4005,242	1,560	-0,610	110,7	132,5	126,9	130,3	83,3	97,9	114,0
4021,867	2,760	-0,660	0,0	0,0	0,0	0,0	0,0	0,0	0,0
4032,628	1,480	-2,440	0,0	0,0	0,0	0,0	0,0	0,0	0,0
4045,812	1,480	0,280	178,2	0,0	0,0	190,8	112,5	142,7	164,7
4062,441	2,840	-0,790	0,0	0,0	0,0	0,0	0,0	0,0	0,0
4063,594	1,560	0,070	148,1	0,0	171,9	164,9	105,0	124,7	146,7
4067,978	3,210	-0,420	0,0	0,0	0,0	0,0	0,0	0,0	0,0
4071,738	1,610	-0,020	135,7	0,0	163,1	155,7	101,5	118,7	136,9
4076,629	3,210	-0,370	41,8	0,0	57,5	46,0	12,9	30,2	38,7
4107,488	2,830	-0,720	0,0	0,0	0,0	0,0	0,0	0,0	0,0
4114,445	2,830	-1,220	31,6	32,0	37,4	29,4	3,1	16,0	20,7
4132,058	1,610	-0,670	120,2	138,0	147,1	130,9	83,8	97,4	117,5
4132,899	2,840	-0,920	48,7	48,0	54,0	44,0	10,8	26,3	33,7
4134,678	2,830	-0,490	58,2	65,4	67,3	59,6	22,1	40,7	51,9
4136,998	3,410	-0,550	0,0	0,0	0,0	0,0	0,0	0,0	0,0
4143,868	1,560	-0,460	127,4	136,5	134,6	135,4	86,2	102,2	118,5
4147,669	1,480	-2,100	70,8	76,7	85,6	81,3	26,9	43,1	61,4
4153,900	3,400	-0,270	0,0	0,0	0,0	0,0	0,0	0,0	0,0
4154,499	2,830	-0,480	47,5	57,4	59,6	49,6	15,7	34,8	45,1
4154,806	3,370	-0,370	0,0	0,0	0,0	0,0	0,0	0,0	0,0
4156,799	2,830	-0,610	63,1	67,3	68,5	53,7	9,1	36,1	45,9
4157,780	3,420	-0,400	43,7	41,6	47,4	37,6	0,0	21,8	32,8
4174,913	0,910	-2,970	57,7	68,0	84,0	79,2	20,9	36,1	59,1
4175,636	2,840	-0,680	62,7	55,9	65,9	52,2	17,5	31,9	44,5
4176,566	3,360	-0,620	0,0	0,0	0,0	0,0	0,0	0,0	0,0
4181,755	2,830	-0,180	70,2	0,0	82,4	72,1	30,8	52,3	64,5
4182,383	3,020	-1,190	0,0	0,0	0,0	0,0	0,0	0,0	0,0
4184,892	2,830	-0,840	0,0	0,0	0,0	0,0	0,0	0,0	0,0
4187,039	2,450	-0,550	89,0	92,2	94,1	87,3	44,4	65,8	75,8

Table à suivre

143

TAB. F.1: Table des largeurs équivalentes mesurées dans 7 étoiles de notre échantillon. La table complète est disponbile en version électronique

Largeurs équivalentes des raies dans nos étoiles.								
4187,795	2,420	-0,550	87,6	99,7	99,5	89,2	47,0	66,9	80,6
4191,431	2,470	-0,730	71,3	87,2	90,1	81,1	35,5	57,9	68,8
4195,329	3,330	-0,410	42,6	45,3	51,7	41,8	9,7	25,2	34,3
4199,095	3,050	0,250	83,4	87,3	84,7	80,5	39,4	61,2	69,8
4202,029	1,480	-0,700	120,0	133,2	127,0	130,2	82,1	98,3	116,0
4213,647	2,840	-1,300	0,0	0,0	0,0	0,0	0,0	0,0	0,0
4222,213	2,450	-0,970	72,6	0,0	80,3	74,0	26,6	47,1	60,7
4227,427	3,330	0,230	101,3	101,0	95,6	88,9	35,2	59,7	73,3
4233,603	2,480	-0,600	84,6	88,4	94,6	86,0	39,8	61,6	73,5
4238,810	3,400	-0,270	0,0	0,0	0,0	0,0	0,0	0,0	0,0
4250,119	2,470	-0,400	93,4	99,9	102,5	95,9	47,3	67,2	83,1
4260,474	2,400	-0,020	112,3	123,5	127,9	117,8	74,3	87,6	105,9
4271,154	2,450	-0,350	98,4	0,0	120,1	103,0	53,9	73,8	98,7
4271,761	1,480	-0,160	147,8	163,8	164,1	158,2	106,8	120,7	136,2
4282,403	2,170	-0,820	88,0	93,2	94,0	87,3	43,6	63,1	79,0
4325,762	1,610	-0,010	143,9	0,0	165,2	157,8	105,7	121,7	131,1
4337,046	1,560	-1,700	78,4	89,8	103,9	93,6	43,0	59,4	83,6
4352,735	2,220	-1,260	0,0	0,0	0,0	0,0	0,0	0,0	0,0
4375,930	0,000	-3,030	0,0	0,0	0,0	0,0	0,0	0,0	0,0
4383,545	1,480	0,200	177,3	186,3	190,7	187,3	122,2	144,2	157,6
4404,750	1,560	-0,140	143,0	160,0	162,0	156,7	91,1	117,3	140,5
4415,123	1,610	-0,610	123,4	135,4	139,5	137,1	85,3	99,5	114,5
4430,614	2,220	-1,660	53,5	51,1	64,9	56,4	13,0	24,6	39,5
4442,339	2,200	-1,250	74,2	78,0	90,9	81,0	28,0	49,8	63,5
4443,194	2,860	-1,040	35,3	45,5	51,2	37,4	0,0	21,5	29,7
4447,717	2,220	-1,340	66,8	68,5	82,3	72,9	21,7	45,1	58,7
4459,118	2,180	-1,280	88,4	95,5	0,0	0,0	0,0	0,0	0,0
4461,653	0,090	-3,200	91,7	107,3	114,7	113,4	62,7	73,6	98,8
4466,552	2,830	-0,600	75,5	78,5	92,1	85,1	27,9	49,1	69,1
4489,739	0,120	-3,970	56,4	68,6	89,3	82,2	20,3	33,3	63,0
4494,563	2,200	-1,140	82,5	0,0	91,7	85,1	33,4	53,7	69,6
4528,614	2,180	-0,820	99,7	107,0	116,1	106,2	49,1	71,0	88,1
4531,148	1,480	-2,150	70,0	0,0	92,5	80,9	25,0	46,3	65,8
4736,773	3,210	-0,750	47,9	47,7	54,1	43,2	10,0	24,0	32,9
4871,318	2,870	-0,360	81,6	85,9	89,7	80,6	31,2	53,7	65,1
4872,138	2,880	-0,570	69,5	74,2	80,4	68,1	22,8	43,1	56,3
4891,492	2,850	-0,110	92,8	97,8	100,4	92,2	43,6	66,0	77,8
4903,310	2,880	-0,930	55,2	55,2	62,3	52,1	12,9	28,7	37,4
4918,994	2,870	-0,340	83,6	88,0	90,2	81,3	32,7	55,7	67,9
4920,503	2,830	0,070	99,4	109,0	108,5	103,2	53,6	74,9	86,9
4938,814	2,870	-1,080	47,0	43,4	53,0	41,8	10,0	20,5	28,0
4939,687	0,860	-3,340	49,3	61,0	78,8	71,0	13,5	26,2	46,4
4994,130	0,920	-3,080	62,6	71,8	88,3	82,4	20,4	35,4	59,5
5001,864	3,880	0,010	41,8	38,2	40,5	30,8	9,4	20,2	24,9
5006,119	2,830	-0,620	70,1	74,7	81,4	71,5	24,0	42,6	58,0
5041,072	0,960	-3,090	57,1	0,0	95,0	86,6	21,4	36,8	58,6

Table à suivre

TAB. F.1: Table des largeurs équivalentes mesurées dans 7 étoiles de notre échantillon. La table complète est disponbile en version électronique

Largeurs équivalentes des raies dans nos étoiles.								
5041,756	1,490	-2,200	84,1	90,9	93,5	91,5	28,0	47,0	68,0
5049,820	2,280	-1,360	67,8	71,9	81,9	72,9	21,3	39,8	56,4
5051,635	0,920	-2,800	77,4	91,7	104,4	100,2	33,9	52,2	77,0
5068,766	2,940	-1,040	44,1	42,9	50,2	41,0	7,9	20,6	28,3
5074,748	4,220	-0,200	29,3	23,4	25,7	18,2	4,0	12,5	14,5
5079,740	0,990	-3,220	48,1	57,4	78,8	71,4	13,2	26,0	45,4
5083,339	0,960	-2,960	65,8	73,1	91,6	86,3	22,2	40,2	64,6
5110,413	0,000	-3,760	85,1	103,2	118,0	114,8	44,5	61,5	88,5
5123,720	1,010	-3,070	62,5	65,8	88,6	77,6	18,7	32,1	54,9
5127,359	0,920	-3,310	49,7	60,0	77,7	67,6	13,1	25,9	47,3
5150,840	0,990	-3,040	53,4	64,3	81,2	74,4	16,4	28,3	50,0
5151,911	1,010	-3,320	38,9	50,8	69,6	61,7	10,9	20,4	38,1
5162,273	4,180	0,020	38,8	33,2	35,5	26,7	7,4	17,1	22,2
5166,282	0,000	-4,200	58,3	77,1	96,7	93,1	21,2	35,5	65,7
5171,596	1,490	-1,790	94,7	104,7	113,6	108,7	49,9	67,8	86,9
5191,455	3,040	-0,550	66,3	65,1	71,6	60,5	16,9	36,9	48,8
5192,344	3,000	-0,420	65,3	71,7	79,6	69,9	23,8	44,3	56,6
5194,942	1,560	-2,090	74,8	83,3	95,8	91,4	28,9	48,0	68,7
5216,274	1,610	-2,150	67,4	76,4	89,5	82,9	22,7	42,6	62,9
5225,526	0,110	-4,790	20,6	31,1	51,5	45,7	6,0	10,9	23,3
5232,940	2,940	-0,060	91,0	93,9	101,6	92,3	41,7	66,6	78,3
5254,955	0,110	-4,760	31,4	39,6	59,4	51,8	6,9	13,0	29,3
5266,555	3,000	-0,390	74,3	74,8	82,9	72,3	24,4	47,3	59,3
5269,537	0,860	-1,320	141,1	154,0	170,7	168,8	111,4	118,3	140,4
5281,790	3,040	-0,830	48,5	47,7	55,9	45,6	11,2	25,3	33,3
5283,621	3,240	-0,520	54,2	57,1	64,2	52,1	14,5	31,6	39,8
5302,302	3,280	-0,880	38,1	0,0	45,7	34,0	7,1	18,0	23,7
5307,361	1,610	-2,990	25,5	28,0	42,7	33,4	4,9	12,0	20,6
5324,179	3,210	-0,240	74,9	67,7	80,9	71,0	24,0	53,1	58,2
5328,039	0,920	-1,470	125,9	149,5	154,6	161,5	98,5	112,3	131,3
5328,532	1,560	-1,850	79,9	98,3	113,3	109,6	42,7	63,4	85,3
5339,929	3,270	-0,720	46,5	0,0	51,7	39,3	9,2	22,0	28,8
5369,962	4,370	0,540	39,5	37,0	36,1	28,5	7,8	16,7	22,5
5371,490	0,960	-1,650	125,6	139,7	151,8	150,0	94,3	103,4	126,6
5383,369	4,310	0,640	47,7	47,7	45,6	31,0	10,3	24,8	27,4
5389,479	4,420	-0,410	10,9	0,0	9,8	6,1	2,0	3,5	4,5
5393,168	3,240	-0,910	41,1	38,8	49,7	38,4	8,8	21,7	29,6
5397,128	0,920	-1,990	114,6	140,4	140,7	139,6	81,5	91,1	116,4
5405,775	0,990	-1,840	114,4	149,0	141,6	141,9	82,8	94,7	111,4
5424,068	4,320	0,520	52,7	43,7	49,6	39,7	10,9	27,3	27,8
5429,697	0,960	-1,880	116,7	128,3	145,5	143,3	84,0	96,8	118,0
5434,524	1,010	-2,120	104,9	117,7	130,3	127,4	67,3	82,6	104,7
5446,917	0,990	-1,910	116,0	122,1	144,6	142,6	81,5	93,9	116,5
5455,609	1,010	-2,090	133,6	132,1	125,1	146,9	72,6	89,9	101,3
5497,516	1,010	-2,850	72,8	85,2	101,5	94,7	26,5	45,5	69,4
5501,465	0,960	-3,050	64,1	74,9	88,8	88,4	22,2	38,3	61,4

Table à suivre

TAB. F.1: Table des largeurs équivalentes mesurées dans 7 étoiles de notre échantillon. La table complète est disponbile en version électronique

			Largeurs équivalentes des raies dans nos étoiles.						
5506,779	0,990	-2,800	75,7	87,7	102,9	100,1	30,4	50,0	76,9
5569,618	3,420	-0,540	43,9	41,4	48,1	36,8	7,3	20,3	26,8
5572,842	3,400	-0,310	55,0	54,4	62,2	50,5	13,4	30,7	39,3
5576,089	3,430	-1,000	27,4	26,7	31,5	23,4	4,3	10,1	16,6
5586,756	3,370	-0,140	66,0	66,0	72,7	61,3	19,6	38,8	50,0
5615,644	3,330	-0,140	72,6	0,0	81,9	71,4	26,0	44,5	57,2
6136,615	2,450	-1,400	56,9	62,5	76,1	66,8	16,2	32,5	46,6
6137,692	2,590	-1,400	52,1	54,7	65,7	55,9	11,6	28,1	39,6
6191,558	2,430	-1,420	54,5	60,7	73,3	63,4	15,1	31,8	45,0
6213,430	2,220	-2,480	19,9	20,5	29,5	21,2	1,5	0,0	13,6
6219,281	2,200	-2,430	20,6	24,9	36,1	27,6	0,0	10,7	15,7
6230,723	2,560	-1,280	61,9	66,2	76,9	67,8	17,9	34,7	48,2
6252,555	2,400	-1,690	48,3	50,8	63,9	53,9	12,1	23,5	36,1
6393,601	2,430	-1,580	54,5	56,6	70,8	60,3	13,2	28,9	39,3
6400,001	3,600	-0,520	42,2	42,3	46,4	36,9	7,5	22,5	26,8
6421,351	2,280	-2,030	40,3	43,1	56,5	46,2	9,4	16,8	28,1
6430,846	2,180	-2,010	47,2	51,9	65,9	56,1	10,9	24,0	35,6
6494,980	2,400	-1,270	72,0	0,0	0,0	0,0	24,0	44,7	0,0
Fe II									
4122,668	2,580	-3,380	73,8	0,0	25,6	21,2	0,0	0,0	13,6
4128,748	2,580	-3,470	18,1	14,9	15,5	12,4	0,0	0,0	7,2
4178,862	2,580	-2,500	65,5	68,4	60,1	55,2	15,5	32,0	44,7
4233,172	2,580	-1,900	93,8	88,0	87,3	82,2	40,5	60,4	75,0
4416,830	2,778	-2,410	59,0	53,2	49,4	39,9	12,1	21,6	34,9
4491,405	2,856	-2,700	45,6	42,9	38,2	31,6	12,2	15,8	23,9
4508,288	2,856	-2,250	64,4	65,1	58,9	48,6	14,7	29,4	46,5
4515,339	2,844	-2,450	53,9	57,7	51,5	44,3	9,3	23,1	34,2
4520,224	2,807	-2,600	54,7	54,5	50,9	47,4	9,1	21,8	31,4
4522,634	2,844	-2,030	76,3	0,0	0,0	0,0	23,7	26,8	0,0
4541,524	2,856	-2,790	31,0	27,8	29,9	22,8	0,0	9,6	17,2
4555,893	2,828	-2,160	48,8	59,3	53,6	48,8	0,0	27,2	40,9
4576,340	2,840	-2,820	0,0	32,3	29,0	21,0	0,0	0,0	0,0
5197,577	3,230	-2,230	54,7	52,0	45,5	38,4	0,0	0,0	29,4
5234,625	3,220	-2,150	57,3	53,8	50,1	42,6	0,0	0,0	33,9
5325,553	3,220	-3,220	12,7	10,1	9,5	7,1	0,0	0,0	4,0
6247,557	3,890	-2,330	18,8	14,1	12,5	8,7	0,0	0,0	7,1
6432,680	2,890	-3,710	12,7	11,2	11,1	8,3	0,0	0,0	5,0
6456,383	3,900	-2,080	27,0	21,8	19,1	13,2	0,0	0,0	9,1
Co I									
3845,461	0,920	0,010	0,0	88,7	95,1	92,7	49,9	62,3	75,2
3995,302	0,920	-0,220	78,7	0,0	86,6	85,3	43,3	54,8	68,8
4118,767	1,050	-0,490	0,0	0,0	87,4	76,3	0,0	39,3	62,6
4121,311	0,920	-0,320	74,9	83,1	93,5	94,4	44,1	58,1	74,6
Ni I									
3807,138	0,420	-1,180	97,8	109,5	111,0	118,3	75,0	81,4	98,9
3858,292	0,420	-0,970	109,5	123,4	129,2	127,7	82,7	89,8	107,9

Table à suivre

Largeurs équivalentes des raies dans nos étoiles.								
4231,027	3,540	0,160	16,3	0,0	0,0	33,8	0,0	0,0	0,0
5476,900	1,830	-0,890	65,3	79,8	83,3	84,4	27,2	46,9	59,0
Zn I									
4722,153	4,030	-0,338	0,0	0,0	0,0	0,0	0,0	0,0	0,0
4810,528	4,078	-0,137	24,4	28,4	24,0	20,3	4,8	11,6	14,2

Table des figures

Liste des tableaux

Bibliographie

ALLENDE PRIETO, C. ET AL. 1999, *A consistency test of spectroscopic gravities for late-type stars*, Astrophys. J., **527**, 879–892.

ALLENDE PRIETO, C., LAMBERT, D. L. ET ASPLUND, M. 2001, *The Forbidden Abundance of Oxygen in the Sun*, Astrophys. J., Lett., **556**, L63–L66.

ALONSO, A., ARRIBAS, S. ET MARTÍNEZ-ROGER, C. 1999, *The effective temperature scale of giant stars (F0-K5). II. empirical calibration of* T_{eff} *versus colours and [Fe/H]*, Astron. Astrophys. Suppl. Ser., **140**, 261–277.

ALVAREZ, R. ET PLEZ, B. 1998, *Near-infrared narrow-band photometry of M-giant and Mira stars : models meet observations*, Astron. Astrophys., **330**, 1109–1119.

AOKI, W. ET AL. 2002, *Subaru/HDS Study of the Extremely Metal-Poor Star CS29498-043 : Abundance Analysis Details and Comparison with Other Carbon-Rich Objects*, Publ. Astron. Soc. Jpn., **54**, 933–949.

ARNOULD, M., GORIELY, S. ET JORISSEN, A. 1999, *Non-explosive hydrogen and helium burnings : abundance predictions from the NACRE reaction rate compilation*, Astron. Astrophys., **347**, 572–582.

ASPLUND, M. ET AL. 1999, *3D hydrodynamical model atmospheres of metal-poor stars. Evidence for a low primordial Li abundance*, Astron. Astrophys., **346**, 17–20.

AUDOUZE, J. ET SILK, J. 1995, *The first generation of stars : first steps toward chemical evolution of galaxies*, Astrophys. J., Lett., **451**, 49+.

BAUMÜLLER, D. ET GEHREN, T. 1997, *Aluminium in metal-poor stars.*, Astron. Astrophys., **325**, 1088–1098.

BAUMÜLLER, D., BUTLER, K. ET GEHREN, T. 1998, *Sodium in the Sun and in metal-poor stars*, Astron. Astrophys., **338**, 637–650.

BEERS, T. C. 1999, *The Metallicity Distribution Function of Extremely low-Metallicity Stars*, Astrophys. Space. Sci., **265**, 105–113.

BEERS, T. C., PRESTON, G. W. ET SHECTMAN, S. A. 1985, *A search for stars of very low metal abundance. I.*, Astrophys. J., **90**, 2089–2102.

BEERS, T. C., PRESTON, G. W. ET SHECTMAN, S. A. 1992, *A search for stars of very low metal abundance. II.*, Astrophys. J., **103**, 1987–2034.

BOESGAARD, A. M. ET AL. 1999, *Oxygen in unevolved metal-poor stars from keck ultraviolet hires spectra*, Astrophys. J., **117**, 492–507.

BURBIDGE, E. M. ET AL. 1957, *Synthesis of the elements in stars*, Reviews of Modern Physics, **29**, 547+.

CAMERON, A. G. W. 1957, *On the origin of the heavy elements.*, Astrophys. J., **62**, 9–+.

CARBON, D. F. ET AL. 1987, *Carbon and nitrogen abundances in metal-poor dwarfs of the solar neighborhood*, Publ. Astron. Soc. Pac., **99**, 335–368.

CARRETTA, E. ET AL. 2002, *Stellar Archaeology : A Keck Pilot Program on Extremely Metal-poor Stars from the Hamburg/ESO Survey. II. Abundance Analysis*, Astrophys. J., **124**, 481–506.

CAYREL, R. 1988, *Data Analysis*, dans : *IAU Symposium*, tm. 132, pp. 345–+.

CAYREL, R. ET AL. 2001, *Determination of [O/Fe] in BD +23 3130 from ESO VLT-UVES observations*, New Astronomy Review, **45**, 533–535.

CHARBONNEAU, P. 1995, *Genetic Algorithms in Astronomy and Astrophysics*, Astrophys. J., Suppl. Ser., **101**, 309–334.

CHARBONNEL, C. 1995, *A Consistent Explanation for 12C/13C, 7Li and 3He Anomalies in Red Giant Stars*, Astrophys. J., Lett., **453**, L41+.

CHIEFFI, A. ET LIMONGI, M. 2002, *The Explosive Yields Produced by the First Generation of Core Collapse Supernovae and the Chemical Composition of Extremely Metal Poor Stars*, Astrophys. J., **577**, 281–294.

CHRISTLIEB, N. 2000, *The Stellar Content of the Hamburg/ESO Objective-Prism Survey*, Thèse de doctorat, University of Hamburg.

CHRISTLIEB, N. ET AL. 2002, *A stellar relic from the early Milky Way*, Nature, **419**, 904–906.

COHEN, J. G. ET AL. 2002, *Stellar Archaeology : A Keck Pilot Program on Extremely Metal-poor Stars from the Hamburg/ESO Survey. I. Stellar Parameters*, Astrophys. J., **124**, 470–480.

DEPAGNE, E. ET AL. 2002, *First Stars. II. Elemental abundances in the extremely metal-poor star CS 22949-037. A diagnostic of early massive supernovae*, Astron. Astrophys., **390**, 187–198.

EDVARDSSON, B. ET AL. 1993a, *The Chemical Evolution of the Galactic Disk - Part one - Analysis and Results*, Astron. Astrophys., **275**, 101–152.

EDVARDSSON, B. ET AL. 1993b, *The chemical evolution of the galactic disk - Part two observational data*, Astron. Astrophys. Suppl. Ser., **102**, 603–605.

FINLATOR, K. ET AL. 2000, *Optical and Infrared Colors of Stars Observed by the Two Micron All Sky Survey and the Sloan Digital Sky Survey*, Astrophys. J., **120**, 2615–2626.

GALAVIS, M. E., MENDOZA, C. ET ZEIPPEN, C. J. 1997, *Atomic data from the IRON Project. XXII. Radiative rates for forbidden transitions within the ground configuration of ions in the carbon and oxygen isoelectronic sequences*, Astron. Astrophys. Suppl. Ser., **123**, 159–171.

GOSWAMI, A. ET PRANTZOS, N. 2000, *Abundance evolution of intermediate mass elements (C to Zn) in the Milky Way halo and disk*, Astron. Astrophys., **359**, 191–212.

GUSTAFSSON, B. ET AL. 1975, *A grid of model atmospheres for metal-deficient giant stars. I*, Astron. Astrophys., **42**, 407–432.

HEGER, A. ET WOOSLEY, S. E. 2002, *The Nucleosynthetic Signature of Population III*, Astrophys. J., **567**, 532–543.

HILL, V. ET AL. 2002, *First stars. I. The extreme r-element rich, iron-poor halo giant CS 31082-001. Implications for the r-process site(s) and radioactive cosmochronology*, Astron. Astrophys., **387**, 560–579.

ISRAELIAN, G., GARCÍA LÓPEZ, R. . ET REBOLO, R. 1998, *Oxygen abundances in unevolved metal-poor stars from near-ultraviolet OH lines*, Astrophys. J., **507**, 805–817.

ISRAELIAN, G. ET AL. 2001, *Oxygen in the Very Early Galaxy*, Astrophys. J., **551**, 833–851.

IVANOVA, D. V. ET SHIMANSKIĬ, V. V. 2000, *Non-LTE Analysis of the Formation of KI Lines in the Spectra of A-K Stars*, Astron. Rep., **44**, 376–388.

JOHNSON, J. A. 2002, *Abundances of 30 elements in 23 metal-poor stars*, Astrophys. J., Suppl. Ser., **139**, 219–247.

KISELMAN, D. 2001, *NLTE effects on oxygen lines*, New Astronomy Reviews, Volume 45, Issue 8, p. 559-563., **45**, 559–563.

KRAFT, R. P. 1994, *Abundance differences among globular-cluster giants : Primordial versus evolutionary scenarios*, Publ. Astron. Soc. Pac., **106**, 553–565.

KRAFT, R. P. 2001, *The problem of determining oxygen abundances in old, metal-poor stars*, New Astronomy Reviews, Volume 45, Issue 8, p. 511-511., **45**, 511–511.

LANGER, G. E. ET AL. 1986, *On the carbon abundance of subgiant stars in the globular cluster M 92*, Publ. Astron. Soc. Pac., **98**, 473–485.

LIMONGI, M., STRANIERO, O. ET CHIEFFI, A. 2000, *Massive Stars in the Range 13-25 M_{solar} : Evolution and Nucleosynthesis. II. The Solar Metallicity Models*, Astrophys. J., Suppl. Ser., **129**, 625–664.

MCWILLIAM, A. ET AL. 1995a, *A Spectroscopic Analysis of 33 of the Most Metal-Poor Stars.I.*, Astrophys. J., **109**, 2736–2756.

MCWILLIAM, A. ET AL. 1995b, *Spectroscopic analysis of 33 of the most metal poor stars. II.*, Astrophys. J., **109**, 2757–2799.

MEYNET, G. ET MAEDER, A. 2002, *The origin of primary nitrogen in galaxies*, Astron. Astrophys., **381**, L25–L28.

NAKAMURA, T. ET AL. 1999, *Nucleosynthesis in Type II Supernovae and the Abundances in Metal-poor Stars*, Astrophys. J., **517**, 193–208.

NAKAMURA, T. ET AL. 2001, *Explosive Nucleosynthesis in Hypernovae*, Astrophys. J., **555**, 880–899.

NISSEN, P. E. ET EDVARDSSON, B. 1992, *Oxygen abundances in F and G dwarfs derived from the forbidden OI line at 6300 A*, Astron. Astrophys., **261**, 255–262.

NISSEN, P. E., PRIMAS, F. ET ASPLUND, M. 2001, *Oxygen abundances of halo dwarf and subgiant stars from VLT/UVES observations of the [Oi] λ6300 line*, New Astronomy Review, **45**, 545–547.

NISSEN, P. E. ET AL. 2002, *O/Fe in metal-poor main sequence and subgiant stars*, **390**, 235–251.

NORRIS, J. E., BEERS, T. C. ET RYAN, S. G. 2000, *Extremely metal-poor stars. VII. The most metal-poor dwarf, CS 22876-032*, Astrophys. J., **540**, 456–467.

NORRIS, J. E., BEERS, T. C. ET RYAN, S. G. 2001, *Extremely metal-poor stars. VIII. High resolution, high signal-to-noise analysis of five stars with [Fe/H] ≈ −3.5*, Astrophys. J., **561**, 1034–1059.

NORRIS, J. E. ET AL. 2002, *Extremely Metal-poor Stars. IX. CS 22949-037 and the Role of Hypernovae*, Astrophys. J., Lett., **569**, L107–L110.

PLEZ, B. 1992, *Spherical opacity sampling model atmospheres for M-giants and supergiants. II - A grid*, Astron. Astrophys. Suppl. Ser., **94**, 527–552.

PLEZ, B., BRETT, J. M. ET NORDLUND, A. 1992, *Spherical opacity sampling model atmospheres for M-giants. I - Techniques, data and discussion*, Astron. Astrophys., **256**, 551–571.

ROSSI, S., BEERS, T. C. ET SNEDEN, C. 1999, *Carbon Abundances for Metal-Poor Stars Based on Medium-Resolution Spectra*, dans : *ASP Conf. Ser. 165 : The Third Stromlo Symposium : The Galactic Halo*, pp. 264–+.

RYAN, S. G., NORRIS, J. E. ET BEERS, T. C. 1996, *Extremely Metal-poor Stars. II. Elemental Abundances and the Early Chemical Enrichment of the Galaxy*, Astrophys. J., **471**, 254–278.

SAMLAND, M. 1998, *Modeling the Evolution of Disk Galaxies. II. Yields of Massive Stars*, Astrophys. J., **496**, 155–171.

SCHLEGEL, D. J., FINKBEINER, D. P. ET DAVIS, M. 1998, *Maps of Dust Infrared Emission for Use in Estimation of Reddening and Cosmic Microwave Background Radiation Foregrounds*, Astrophys. J., **500**, 525–553.

SHIROUZU, D. J., KOBAYASHI, C. ET NOMOTO, K. 2003, *Pas de titre actuellement*, Astrophys. J., **500**, 525–553.

SNEDEN, C. ET PRIMAS, F. 2001, *Oxygen abundances : new results from [O I] lines*, New Astronomy Review, **45**, 513–518.

SNEDEN, C. ET AL. 1996, *The Ultra–Metal-poor, Neutron-Capture–rich Giant Star CS 22892-052*, Astrophys. J., **467**, 819–+.

SNEDEN, C. ET AL. 2000, *Evidence of Multiple R-Process Sites in the Early Galaxy : New Observations of CS 22892-052*, Astrophys. J., Lett., **533**, L139–L142.

STOREY, P. J. ET ZEIPPEN, C. J. 2000, *Theoretical values for the [Oiii] 5007/4959 line-intensity ratio and homologous cases*, Mon. Not. R. Astron. Soc., **312**, 813–816.

TAKEDA, Y. ET AL. 2002, *On the Abundance of Potassium in Metal-Poor Stars*, Publ. Astron. Soc. Jpn., **54**, 275–284.

THÉVENIN, F. ET IDIART, T. P. 1999, *Stellar iron abundances : non-LTE effects*, Astrophys. J., **521**, 753–763.

TIMMES, F. X., WOOSLEY, S. E. ET WEAVER, T. A. 1995, *Galactic chemical evolution : hydrogen through zinc*, Astrophys. J., Suppl. Ser., **98**, 617–658.

UMEDA, H. ET NOMOTO, K. 2002, *Nucleosynthesis of Zinc and Iron Peak Elements in Population III Type II Supernovae : Comparison with Abundances of Very Metal Poor Halo Stars*, Astrophys. J., **565**, 385–404.

VANDENBERG, D. A. ET BELL, R. A. 2001, *How oxygen affects the CMDs and predicted ages of extreme Population II stars*, New Astronomy Review, **45**, 577–582.

WALLERSTEIN, G. ET AL. 1997, *Synthesis of the elements in stars : forty years of progress*, Reviews of Modern Physics, Volume 69, Issue 4, October 1997, pp.995-1084, **69**, 995–1084.

WOOSLEY, S. E. ET WEAVER, T. A. 1995, *The evolution and explosion of massive stars. II. Explosive hydrodynamics and nucleosynthesis*, Astrophys. J., Suppl. Ser., **101**, 181–235.

www.ingramcontent.com/pod-product-compliance
Lightning Source LLC
Chambersburg PA
CBHW021055210326
41598CB00016B/1218